Louis Figuier

La Machine Électrique

Les Merveilles de la science

ISBN : 978-1519169891

10 9 8 7 6 5 4 3 2 1

Louis Figuier

La Machine Électrique

Les Merveilles de la science

Table de Matières

CHAPITRE PREMIER

<small>L'ÉLECTRICITÉ DANS L'ANTIQUITÉ ET LE MOYEN AGE. — L'ÉLECTRICITÉ PENDANT LE XVIIE SIÈCLE. — TRAVAUX DE GILBERT ET D'OTTO DE GUERICKE. — PREMIÈRE MACHINE ÉLECTRIQUE, CONSTRUITE PAR OTTO DE GUERICKE. — MACHINE ÉLECTRIQUE DE HAUKSBÉE.</small>

L'histoire des sciences ressemble à celle des nations. Si les annales des peuples nous montrent quelques-unes de ces périodes brillantes, dans lesquelles les événements semblent se réunir et se presser, comme pour ajouter à la gloire, à la renommée d'un empire, on trouve aussi dans les fastes des sciences quelques-unes de ces époques privilégiées où le nombre, l'importance et la grandeur des découvertes, jettent le plus vif éclat sur le temps qui les vit naître.

C'est une période de ce genre que parcourait la physique naissante au milieu du siècle dernier. En 1746, un physicien de la Hollande avait découvert l'appareil célèbre connu sous le nom de *bouteille de Leyde*, et les merveilleux effets de cet instrument produisaient en Europe une impression extraordinaire. Toutes les académies, toutes les sociétés savantes, suspendirent leurs travaux habituels, pour s'adonner à l'étude des phénomènes électriques, à peine connus jusque-là. Les nouvelles découvertes sur l'électricité, n'avaient pas tardé à pénétrer jusqu'au vulgaire, dont elles frappaient l'imagination, et les personnes les plus étrangères aux sciences étaient aussi les plus empressées à rechercher le spectacle de ces curieux phénomènes. Des démonstrateurs ambulants allaient de ville en ville, colportant dans tous les pays l'*expérience du choc électrique*, et trouvaient leur bénéfice à cette propagande banale de la nouveauté scientifique. Les princes et les grands, si peu soucieux d'ordinaire de ce genre de faits, en avaient été les premiers témoins ; car c'est dans le palais du roi de France et en présence de toute sa cour que l'on avait vu répéter, pour la première fois, l'expérience de la *chaîne électrique*.

Par quelle série de circonstances, l'étude de l'électricité, languissante jusqu'à cette époque, avait-elle conduit les physiciens à la découverte qui agitait tant d'esprits ? Quels travaux précurseurs l'avaient préparée ou annoncée ? Quelle devait être son influence sur les progrès généraux des sciences ? C'est ce que nous allons exposer, en remontant à l'origine des premiers travaux sur l'électricité, pour suivre jusqu'à des temps voisins de notre époque, la série des découvertes postérieures qui ont révélé dans le fluide électrique tant de propriétés remarquables, et qui, de nos jours, sont devenues la source d'un nombre infini d'applications.

On dit, et l'on répète depuis bien longtemps, que la découverte des premiers phénomènes électriques appartient aux anciens. Ce fait, que l'ambre jaune, après avoir été frotté, attire vivement tous les corps légers et secs, était connu dans l'antiquité. Personne n'ignore que c'est du mot grec ἤλεκτρον (ambre jaune) que la science de l'électricité a tiré son nom. Mais toutes les connaissances des anciens sur l'électricité, se sont réduites à la simple notion de ce fait. Thalès, philosophe grec, qui vivait environ 600 ans avant Jésus-Christ, signala l'existence de ce phénomène dont il donna une explication à la manière antique. Selon ce philosophe, l'ambre était doué d'une âme, et il attirait à soi les corps légers « comme par un souffle[1]. »

Venu 600 ans après Thalès, le naturaliste Pline n'en dit pas davantage sur le même sujet : « Quand le frottement a donné à ce corps *la chaleur et la vie*, il attire les pailles et les feuilles d'arbre d'un faible poids. » Avant lui, Théophraste, dans son *Traité des pierres précieuses*, s'était borné également, à une simple mention de cette propriété attractive, qu'il avait reconnue, pourtant, à quelques autres corps, tels que le *lyncurium*, substance que l'on croit identique avec notre tourmaline.

Voilà, en ce qui concerne les phénomènes électriques, tout l'héritage que l'antiquité nous a laissé. On avait reconnu le phénomène fort simple, que présente l'ambre frotté ; on déclara que l'ambre avait une âme, et tout fut dit[2].

Chez les anciens, la philosophie, l'éducation et les mœurs, éloignaient l'idée des sciences, telles que nous les comprenons aujourd'hui. Il serait donc impossible d'aller placer dans l'antiquité, l'origine de nos connaissances physiques. Au lieu de se consacrer à l'étude, à l'observation de la nature, afin de s'éclairer sur les lois qui régissent l'univers, les anciens préféraient se perdre dans la contemplation de l'idéal. Ils fermaient volontairement les yeux au spectacle admirable du monde extérieur, pour débattre compendieusement des questions abstraites et souvent oiseuses. Quant à observer le plus simple des phénomènes naturels, pour essayer de remonter à sa cause, cette idée ne pouvait se présenter à l'esprit d'un peuple qui allait apprendre, le plus sérieusement du monde, dans les vers de ses poètes ou de la bouche des personnages du théâtre, que les abeilles naissent du corps putréfié d'un bœuf, et que l'ambre provient de l'incrustation des larmes d'un oiseau de l'Inde, pleurant la mort du roi Méléagre !

L'esprit scientifique ne pouvait pas beaucoup plus facilement prendre naissance et se développer à l'époque du Moyen âge. La scolastique, trônant dans les écoles, courbait toutes les intelligences sous le joug d'Aristote, c'est-à-dire sous l'empire de l'antiquité. Au lieu de porter les esprits vers l'étude des choses, elle renfermait la science entière dans l'étude et le stérile commentaire des mots.

Les principes du christianisme tendaient, dans un certain sens, au même résultat, car le mépris des choses terrestres, prêché par l'Église chrétienne, avait engendré une philosophie qui détournait les hommes de l'étude minutieuse des faits physiques.

Aussi peut-on remarquer que les premières lueurs scientifiques qui, en Europe, apparaissent au milieu des ténèbres de l'ignorance universelle, se lèvent du côté des peuples non chrétiens. Elles arrivent par les Egyptiens, par les Arabes et les Maures d'Espagne. Si, en plein moyen âge, un physicien, le moine Gerbert, ceignit la tiare pontificale ; si quelques hommes de génie se révélèrent dans le silence des cloîtres, et apparurent sous le froc de quelques moines studieux, ce ne furent là, pour ainsi dire, que des inconséquences du siècle, et leurs contemporains le firent bien sentir au pape Sylvestre II, à Albert le Grand, à Roger Racon, à Raymond Lulle, en accusant ces grands hommes du crime de magie, et dénonçant au monde leur pacte secret consenti avec le prince des ténèbres.

On ne sera donc pas surpris de voir la science de l'électricité n'apparaître que dans les dernières années du XVIᵉ siècle.

C'est en Angleterre que la science de l'électricité naquit, vers les dernières années du XVIᵉ siècle. Elle eut pour père Guillaume Gilbert, de Colchester, médecin de la reine Elisabeth d'Angleterre, mort en 1603. Comme, à cette époque, tous les phénomènes de la nature sollicitaient à la fois les recherches, la curiosité des observateurs devait particulièrement se diriger vers les faits qui se distinguaient le plus par leur singularité.

Parmi ces derniers, apparaissait au premier rang, le phénomène de l'attraction du fer par l'aimant.

Guillaume Gilbert publia sous le titre *De arte magneticâ*, un livre, vraiment admirable, où les phénomènes magnétiques sont soumis, pour la première fois, à un examen approfondi. Après les nombreuses expériences qu'il avait faites sur la *pierre d'aimant*, Guillaume Gilbert dut naturellement s'occuper du phénomène d'attraction qui est particulier à l'ambre jaune. Cette substance, quand elle a été frottée, attirant les corps légers à la manière des substances magnétiques, parut à Gilbert une variété d'aimant naturel. L'étude de l'ambre jaune rentrait, d'après cela, dans l'ordre des recherches qu'il avait entreprises.

Quand le médecin de Colchester commença ses expériences sur l'ambre jaune, tout ce que l'on savait encore, c'est que cette substance attirait les corps légers. Seulement, Pline avait annoncé que le jayet jouit de la même propriété. Or, l'ambre jaune était mis alors au nombre des corps les plus précieux ; il servait à l'ornement des autels et entrait dans les parures de luxe. Le jayet était aussi considéré comme un objet de prix : on l'employait à faire des miroirs avant l'invention des glaces.

La rareté de ces deux matières fossiles, et leur propriété commune d'attirer les corps légers, avaient fait naître, au Moyen âge, diverses opinions scientifiques, que l'on avait formulées plus ou moins clairement.

Gilbert poursuivant ses études, présuma, avec sagacité, que, quel que fût le prix accordé par les hommes à l'ambre et au jayet, la nature n'avait pas départi exclusivement à ces deux substances, le privilège de l'attraction magnétique. Cette pensée le conduisit à des expériences et à des découvertes, qui jetèrent les premiers fondements de la science de l'électricité.

Fig. 222. — Guillaume Gilbert écrivant son traité *De arte magnetica*.

Dans ses recherches sur l'aimant, Gilbert avait remarqué qu'il faut une moindre force pour mettre en mouvement une aiguille mince et légère, posée en équilibre sur un pivot bien poli, comme l'est, par exemple, l'aiguille aimantée d'une boussole, que pour déplacer et élever d'une seule ligne le même corps, ou un corps beaucoup plus léger. Il mit habilement à profit cette disposition, pour constater le phénomène de l'attraction électrique, dans les substances où elle est trop faible pour se manifester d'une autre manière.

Louis Figuier

Gilbert prit donc une aiguille, semblable a celle dont on se sert pour les boussoles, et la posa en équilibre sur un pivot. Ainsi soutenue, elle était beaucoup plus mobile que tout corps léger appuyé sur une table ou sur un plan quelconque. Il approchait alors de cette aiguille le corps préalablement frotté, dans lequel il voulait constater la propriété électrique. Pour peu que le corps frotté fût doué de cette vertu, elle devenait immédiatement sensible par le mouvement de l'aiguille[3].

En opérant de cette manière, Gilbert reconnut que la propriété d'attirer les corps légers, après des frictions préalables, n'est pas exclusivement propre à l'ambre et au jayet, mais qu'elle est commune à la plupart des pierres précieuses, telles que le diamant, le saphir, le rubis, l'opale, l'améthyste, l'aigue-marine, le cristal de roche. Il la trouva aussi dans le verre, les bélemnites, le soufre, le mastic, la cire d'Espagne, la résine, l'arsenic, le sel gemme, le talc, l'alun de roche.

Toutes ces matières, quoique avec différents degrés de force, lui parurent attirer, non-seulement les brins de paille, mais tous les corps légers, comme le bois, les feuilles, les métaux en limaille ou en feuille, les pierres, les terres et même les liquides, tels que l'eau et l'huile.

Gilbert a fait encore une foule d'observations de détail, sur les circonstances qui accompagnent l'attraction électrique, dans les substances où il l'avait reconnue.

Ces diverses observations sont éparses sans doute, et le lien qui doit les rattacher ne se montre pas encore ; mais l'impulsion était donnée, et la carrière ouverte par ce physicien ne devait pas tarder à se remplir.

Gilbert, qui fut le père de la science électrique, l'avait laissée dans l'enfance. Ce qui arrêtait ses premiers pas, c'était le manque d'un appareil à l'aide duquel elle pût s'exercer et procéder à des investigations précises. À cette science nouvelle il fallait son instrument, il fallait à l'électricité sa machine.

Ce fut l'illustre Otto de Guericke, bourgmestre ou consul de Magdebourg, le même qui a construit la première machine pneumatique et dont nous avons parlé dans les premières pages de ce livre, qui dota la science électrique de sa première machine.

Un simple tube de verre que l'on frottait avec une étoffe de laine, avait suffi à Gilbert pour ses expériences. Otto de Guericke forma avec un globe de soufre, une machine plus commode et plus puissante.

Le soufre est une substance qui s'électrise beaucoup par le frottement. En lui donnant la forme d'une sphère, et disposant cette sphère de soufre de manière à pouvoir lui imprimer un mouvement de rotation rapide, Otto de Guericke obtint une machine propre à servir aux expériences électriques. L'opérateur tournait d'une main la manivelle qui imprimait au globe de soufre son mouvement de rotation ; de l'autre main, il tenait un morceau de drap qui servait à opérer le frottement.

Telle est la première machine électrique que la physique ait possédée, comme nous venons de le rappeler. Otto de Guericke est aussi l'inventeur de la machine pneumatique. Ces deux découvertes, d'une importance égale, assurent, dans l'histoire des sciences, une place hors ligne au physicien de Magdebourg.

La figure 223, représente la machine électrique telle qu'elle se trouve dans l'ouvrage latin d'Otto de Guericke : *Experimenta nova Magdeburgica*.

Fig.223. — Machine électrique d'Otto de Guericke

L'auteur expose dans les termes suivants la manière de se procurer cette machine :

« Prenez une sphère de verre, ou, comme on l'apelle, une fiole de la grosseur d'une tête d'enfant ; placez-y du soufre concassé en morceaux dans un mortier, et approchez-la du feu, de manière à faire fondre le soufre. Le tout étant refroidi, cassez le globe de verre pour en retirer la sphère de soufre, que vous conserverez dans un lieu sec ; il faut ensuite percer ce globe de manière à faire traverser son axe d'une tige de fer » Le globe sera alors préparé[4]. »

Le phénomène lumineux qui accompagne le frottement du globe de soufre, c'est-à-dire l'étincelle électrique, avait particulièrement occupé le bourgmestre de Magdebourg : c'est là surtout ce qu'il avait pu constater au moyen de la machine élémentaire dont nous venons de donner la description. Mais Otto de Guericke fit en même temps quelques observations qui, plus tard, développées et variées, devaient servir de base à la science de l'électricité.

Fig. 224. — Expériences d'Otto de Guericke.

Le physicien de Magdebourg remarqua, le premier, ce fait capital, qu'un corps léger attiré par le globe de soufre électrisé, dès qu'il a touché ce globe, est aussitôt repoussé, Il avait reconnu encore, qu'aucun de ces corps légers, ainsi repoussés, ne pouvait être de nouveau attiré par le globe que lorsque le hasard lui avait ménagé le contact d'un corps non électrisé. Enfin, il avait cru observer que les duvets de plume et autres corps légers, en s'éloignant du globe, lui présentaient constamment la même face.

De ces divers faits, dont le dernier ne provenait que d'une observation inexacte, Otto de Guericke tira des conclusions, sans doute, mal fondées, mais qu'il n'est pas sans intérêt de connaître, pour apprécier la hardiesse, l'activité impatiente qui distinguaient le génie de ce physicien.

Dans les phénomènes successifs de l'attraction et de la répulsion que le globe de soufre électrisé exerçait sur les corps légers placés dans son voisinage, Otto de Guericke crut voir une imitation parfaite des attractions et des répulsions que le globe terrestre exerce sur les corps situés dans sa sphère d'action. Il pensait que la même cause détermine les plumes repoussées par le globe à lui présenter constamment la même face, et la lune à montrer toujours le même hémisphère à la terre.

L'analogie entre les attractions électriques et les attractions planétaires était inexacte, car l'attraction planétaire est proportionnelle à la masse des corps, tandis que l'attraction électrique n'est proportionnelle qu'à leur surface. Mais si le rapprochement hardi essayé par le physicien de Magdebourg, était inadmissible, le fait de la répulsion des corps après leur attraction, par le corps électrisé, était certain. L'explication fut mise de côté, et le fait demeura acquis à la science pour recevoir bientôt son éclaircissement théorique.

La machine du consul de Magdebourg ne donnait que de bien faibles manifestations électriques. Les étincelles étaient si peu visibles que leur clarté surpassait à peine l'espèce de lueur phosphorescente qu'émet le sucre frappé ou cassé dans l'obscurité. Pour apercevoir cette faible lueur, il fallait frotter le globe dans un lieu obscur, et pour entendre le bruit et le pétillement de l'étincelle, tenir l'oreille tout près du globe. Un physicien anglais, nommée Hauksbee, qui écrivait en 1709, obtint des effets électriques beaucoup plus considérables, en remplaçant le globe de soufre d'Otto de Guericke, par un cylindre de verre, auquel il imprimait mécaniquement un mouvement de rotation pendant qu'on le frottait avec la main.

Ainsi modifiée, la machine électrique présente la figure suivante, que nous empruntons à l'ouvrage de Hauksbee (fig. 225).

Fig. 225. — Première machine électrique de Hauksbee.

Cette machine constituait un grand perfectionnement sur celle d'Otto de Guericke, Elle permit d'observer de curieux phénomènes. Remarquons néanmoins, que, dans les expériences dont il nous a transmis le récit, Hauksbee ne nous parle des effets de sa machine, que sous le rapport de la production de la lumière. Il s'était surtout proposé de répéter et d'étendre les expériences faites précédemment par Robert Boyle, qui avait reproduit, sans y ajouter beaucoup, les observations d'Otto de Guericke sur les effets lumineux du globe électrisé. Hauksbee s'occupa donc particulièrement d'observer les diverses manifestations de la lumière électrique quand on excitait l'étincelle dans l'air, dans le vide ou dans différents milieux.

La machine électrique de Hauksbee, se compose, comme on le voit, de deux cylindres de verre rentrant l'un dans l'autre, et que l'on peut mettre en mouvement, séparément ou à la fois, à l'aide d'une roue mue par une manivelle. Le cylindre intérieur était pourvu d'un robinet, parce qu'on le plaçait préalablement sur la machine pneumatique, afin d'aspirer l'air contenu dans son intérieur, quand on voulait observer les effets de l'étincelle électrique excitée dans le vide.

La citation suivante donnera une idée juste de l'objet et du but des expériences entreprises par Hauksbee avec cet appareil, la première machine électrique proprement dite, que la science ait possédée.

M. de Brémont, de l'Académie des sciences, s'exprime comme il suit, à propos des expériences d'Hauksbee sur l'électricité, dans le *Discours historique et raisonné* qu'il a mis en tête de la traduction des œuvres de ce physicien :

« C'est à M. Hauksbee que nous sommes redevables de la première application des globes ou des cylindres de verre, aux expériences électriques. À peine avant lui savait-on d'une manière bien décidée que le verre fût un corps électrique. Les académiciens de Florence le relèguent parmi les corps dont la vertu s'annonce par des effets peu sensibles. Quoiqu'il n'ait pas tiré un meilleur parti du globe que du tube qui nous vient du même physicien, cependant les expériences qu'il a faites par son secours avaient ouvert avantageusement la route, et ses succès en annonçaient de plus brillants encore. Mais MM. Grey et Dufay abandonnèrent trop légèrement le globe pour se borner au tube. C'est de nos jours, que les physiciens d'Allemagne l'ont repris ; ils en ont augmenté et multiplié considérablement les effets.

« Avec cet appareil que nous venons de décrire, M. Hauksbee fit des découvertes très-intéressantes. Lorsqu'il appliquait sa main sur le récipient extérieur, tandis qu'il avait reçu un mouvement rapide, la lumière exprimée par le frottement s'élançait par des ramifications surprenantes sur la surface du récipient intérieur. Elle avait plus d'éclat et de force lorsque le mouvement était imprimé aux deux récipients en même temps ; soit que ce fût du même sens, soit que ce fût en sens contraire, soit que l'un des deux fût plein ou vide d'air. Lorsque les deux récipients, après avoir été frottés quelque temps, étaient en repos, et qu'on approchait la main du verre extérieur, des éclats de lumière se répandaient sur la surface du récipient intérieur.

L'appareil fut changé : on ajusta sur la machine de rotation un globe épuisé d'air ; et auprès de ce premier globe, sur une semblable machine, à la distance d'un peu moins d'un pouce, on fixa un autre globe plein d'air. Dès qu'on eut communiqué le mouvement à ces deux globes, et appliqué la main sur celui qui était plein d'air, les émanations lumineuses excitées par le frottement se portèrent sur le globe en mouvement, vide d'air, et qui n'avait reçu aucun frottement. M. Hauksbee remarqua que le mouvement du globe non frotté était une circonstance favorable, et même, jusqu'à un certain point, nécessaire pour que la lumière parût se répandre dans l'hémisphère, qui touchait presque le globe frotté. Cependant il vint à bout d'exciter des traits éclatants dans un vaisseau de verre, dont l'air avait été pompé, lorsqu'il le présentait à quelque distance du globe frotté et en mouvement. Alors il paraissait que la lumière électrique, en se propageant dans les globes vides d'air, s'y enflammait par le choc de ses propres parties.

Un globe vide d'air, adapté sur la machine de rotation, devint très-lumineux dans l'intérieur, lorsqu'on appliqua la main sur la surface extérieure et qu'on lui communiqua un mouvement rapide ; mais à mesure qu'on remplissait d'air la capacité du globe, en tournant un robinet pratiqué, comme nous l'avons vu, dans un des pivots, l'intensité de la lumière s'altérait de plus en plus. M, Hauksbee remarqua avec beaucoup de sagacité que la différence des nuances de la lumière, dans le vaisseau plein d'air et vide d'air, était la même que celle qu'il avait observée entre les lumières produites par le mercure quand il le secouait dans un ballon vide d'air ou plein d'air.

« L'air étant rentré dans le globe, des taches lumineuses, sans un éclat bien vif, s'attachaient aux doigts des observateurs, ou s'élançaient à un pouce de distance sur une bande de mousseline effilée par une de ses extrémités. À mesure qu'on faisait rentrer l'air, les faisceaux des ramifications, qui paraissaient dans l'intérieur, étaient plus déliés et prenaient mille formes différentes : au lieu que dans le vide ces rayons étaient plus uniformes et moins éparpillés. On aperçoit aisément la cause de ces effets. »

S'Gravesande dans ses *Éléments de physique* et Priestley, dans son*Histoire de l'électricité*, donnent la description et la figure d'une machine électrique construite, disent les auteurs, sur le modèle de celle d'Hauksbee. Cet appareil se compose d'un globe de cristal, monté sur deux douilles de cuivre. Une large roue imprime un mouvement de rotation très-rapide au globe de cristal, que l'on frotte au moyen de la main appuyée contre sa surface. Le globe de cristal est monté sur une table de bois, à la hauteur de la main de l'opérateur.

La figure 226 représente cette machine électrique d'Hauksbee, d'après l'ouvrage de S'Gravesande[5].

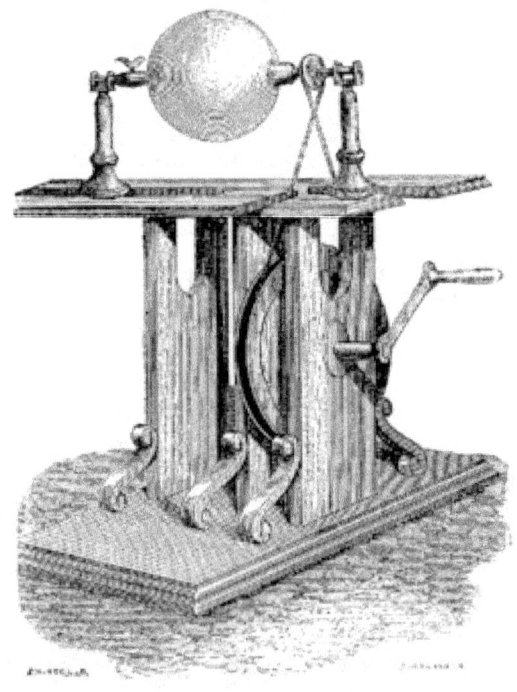

Fig. 226. — Deuxième machine électrique de Hauksbee.

Il est bien à regretter que la machine imaginée par Hauksbee ait été abandonnée après lui. Soit que le savant anglais n'eût pas suffisamment insisté sur les avantages qu'il devait offrir pour l'étude des phénomènes électriques, soit qu'on le trouvât embarrassant ou difficile à transporter, cet excellent appareil ne fut pas adopté par les physiciens, qui continuèrent de se servir, comme l'avait fait Gilbert, d'un simple tube tenu à la main et frotté avec un morceau d'étoffe de laine. Ce fut là une circonstance fâcheuse pour les progrès de l'électricité. Si la machine de Hauksbee était devenue alors d'un emploi général, elle aurait bientôt conduit à beaucoup d'observations importantes, que l'on ne fit que trente années plus tard, lorsqu'on reprit cet appareil, à l'instigation et d'après l'exemple des physiciens allemands.

CHAPITRE II

DÉCOUVERTE DU TRANSPORT DE L'ÉLECTRICITÉ À DISTANCE — EXPÉRIENCES DE GREY ET WEHLER. — DÉCOUVERTE DE LA CONDUCTIBILITÉ DES CORPS POUR L'ÉLECTRICITÉ ET DISTINCTION DES CORPS EN ÉLECTRIQUES ET NON ÉLECTRIQUES.

Tout le monde connaît aujourd'hui la vitesse prodigieuse avec laquelle le fluide électrique se transmet d'un point à un autre : personne n'ignore, grâce au télégraphe électrique, que ce fluide franchit les plus énormes distances avec la rapidité de la pensée. Mais tout le monde ne sait pas que cette étonnante propriété fut découverte, au siècle dernier, à la suite d'un simple hasard d'expérience. Deux physiciens anglais, Grey et Wehler, eurent les honneurs de cette découverte, qui conduisit presque aussitôt à une autre observation, tout aussi importante, c'est-à-dire à la distinction des corps en conducteurs et non conducteurs de l'électricité, ou si l'on veut, en *corps électrisables* et *non électrisables* par le frottement.

L'instrument qui servait, en 1729, aux expériences sur l'électricité, était, comme nous l'avons dit plus haut, un simple tube de verre, que l'on tenait d'une main, pendant qu'on le frottait, de l'autre main, avec un morceau de drap. Voulant procéder à quelques expériences électriques, Etienne Grey s'était procuré un tube de verre de trois pieds et demi de long et d'un pouce un quart de diamètre, ouvert à ses deux extrémités. Afin d'empêcher l'introduction de la poussière dans l'intérieur de ce tube, il l'avait fermé à ses deux extrémités, avec deux bouchons de liège.

Grey voulut d'abord s'assurer si les phénomènes électriques

resteraient les mêmes selon que ce tube serait ouvert ou fermé. En frottant le tube alternativement ouvert ou fermé, notre expérimentateur ne put constater aucune différence dans l'intensité de l'attraction exercée sur les corps légers.

C'est dans le cours de ce petit essai, que Grey observa le fait qui le mit sur la voie de sa découverte. Il s'aperçut qu'un duvet de plume, qui se trouvait par hasard dans le voisinage du tube électrisé, fermé par ses bouchons, courut vers l'un des bouchons, qui l'attira et le repoussa ensuite, absolument comme faisait le tube lui-même.

Ainsi, l'électricité s'était transmise du tube au bouchon, c'est-à-dire du verre au liège, et la vertu électrique se communiquait au bouchon de liège, par son contact avec le tube électrisé.

Cette observation fut pour Etienne Grey un trait de lumière. Généralisant le fait, il comprit que l'électricité pouvait, comme la chaleur, se communiquer d'un corps à l'autre, par le simple contact. Pour vérifier cette conjecture, il se mit aussitôt en devoir de rechercher si des substances autres que le liège, pourraient acquérir aussi l'attraction électrique, par leur contact avec le tube de verre électrisé.

Grey prit donc une baguette de bois de sapin, longue de quatre pouces, et il fixa à l'une de ses extrémités une petite boule d'ivoire. L'autre extrémité de la baguette fut enfoncée dans le bouchon de liège qui servait à fermer le tube.

Le petit appareil ainsi disposé, Grey frotta le tube de verre, et approcha quelques corps légers de l'extrémité de la baguette de sapin : les petits corps furent aussitôt vigoureusement attirés. L'électricité s'était donc transmise du verre au bouchon de liège, et du bouchon de liège à la baguette de sapin.

Ravi de ce résultat, Grey s'empressa de substituer à sa baguette de sapin de quatre pouces seulement de long, des baguettes plus longues, qui produisirent le même effet.

Des fils de cuivre, de petites tiges de fer, plantés dans le même bouchon, et mis de cette manière, en communication avec le tube électrisé, remplacèrent ensuite les baguettes de bois, et transmirent tout aussi bien le fluide électrique.

Notre physicien voulut alors continuer l'expérience avec des tiges d'une plus grande longueur. Il se procura donc de minces et longs roseaux qui atteignaient d'un bout à l'autre de l'appartement où il se trouvait. Malgré la longueur de ces roseaux, le fluide se transporta à leur extrémité, et l'attraction électrique se montra tout aussi prononcée qu'auparavant.

L'expérience, comme on le voit, prenait beaucoup d'intérêt. Grey voulut la pousser aussi loin que possible. Limité par l'étendue de son appartement, il prit le parti de suspendre ses roseaux du haut du balcon de sa fenêtre, jusque dans la cour.

Il attacha donc à son tube de verre une petite corde de chanvre, qui servit à suspendre de longs roseaux placés bout à bout. Il termina l'extrémité du dernier roseau par une petite boule d'ivoire, et se plaça sur le balcon du premier étage de sa maison, à une hauteur de vingt-six pieds au-dessus du pavé. Il frotta vivement son tube de verre ; et la personne qui se tenait dans la cour, pour présenter les corps légers à la petite boule d'ivoire terminant ce long système, constata que la boule d'ivoire attirait les corps légers avec énergie.

Grey monta alors du premier étage, au second : les phénomènes furent encore les mêmes.

Il se plaça enfin sur les toits de la maison, l'extrémité inférieure des roseaux descendant jusqu'au sol, sans toucher au mur. L'attraction électrique persista toujours.

On n'avait pas encore inventé les ballons aérostatiques ; il est probable, sans cela, que notre physicien se serait élevé dans les airs, afin de continuer, dans les limites les plus étendues, une expérience dont le succès le remplissait de joie.

Il y avait pourtant une manière de pousser plus loin le même essai, sans être obligé de s'élever en ligne perpendiculaire. Il suffisait de replier le conducteur plusieurs fois sur lui-même, dans l'intérieur de l'appartement. C'est ce que fit Etienne Grey. Il attacha à son tube de verre une longue corde de chanvre, et pour la soutenir en l'air, il tendit horizontalement des ficelles qui furent attachées à des clous plantés dans les deux faces opposées du mur. Ces ficelles donnaient un appui suffisant à la corde de chanvre qui devait servir de conducteur électrique ; avec un certain nombre de ces ficelles, on pouvait soutenir en l'air une corde assez pesante, et même, si on le voulait, la replier deux ou trois fois sur elle-même dans l'intérieur de l'appartement.

Les choses ainsi disposées, Grey frotta le tube de verre, pour y développer la vertu électrique, et il s'empressa de reconnaître si l'extrémité de la corde attirait les corps légers, comme il l'avait observé précédemment avec ses roseaux tendus du haut du balcon.

Mais, ô surprise ! aucun phénomène électrique ne se manifesta : les corps légers ne furent point attirés. Ainsi l'électricité ne se transmettait point jusqu'à l'extrémité du conducteur soutenu de cette façon ; elle se perdait par les ficelles qui supportaient la corde[6].

Ce dernier résultat donna beaucoup à réfléchir à notre expérimentateur. Il eut heureusement le bon esprit de ne pas imaginer de théorie pour se tirer d'embarras, et résolut d'aller conférer de cette difficulté avec un sien ami, nommé Wehler, physicien de mérite, et spécialement versé dans les expériences électriques.

Le 30 juin 1729, Grey alla donc trouver Wehler.

Il commença à répéter avec son ami toutes ses expériences, qui réussirent parfaitement. Du sommet des toits de la maison de Wehler, une corde de chanvre, attachée à un tube de verre électrisé, attira très-bien les corps légers par son extrémité pendant au-dessus du sol. Mais quand on la disposait horizontalement, sur des ficelles de chanvre fixées par des clous contre le mur de l'appartement, tout effet électrique disparaissait.

Au moment de répéter une fois de plus cette dernière expérience, Grey proposa à son ami de remplacer par un cordonnet de soie, la ficelle de chanvre qui servait à soutenir la corde. Le motif qui le guidait dans cette substitution était d'ailleurs fort simple. La corde qu'il s'agissait de soutenir était très-lourde, car elle n'avait pas moins de quatre-vingts pieds de longueur. Grey, présumant que de simples ficelles ne supporteraient pas un tel poids, voulait leur substituer un cordon de soie, en raison de la plus grande solidité de cette matière. Ce fut l'emploi de ce cordon de soie, choisi par une circonstance bien fortuite, qui amena l'importante découverte de la distinction des corps en *conducteurs* et *non conducteurs de l'électricité*.

Le 2 juillet 1729, Grey et Wehler procédèrent ensemble à cette expérience. Ils opéraient dans une longue galerie, tapissée de nattes.

On tendit au milieu et au travers de cette galerie, un cordonnet de soie, sur lequel on fit porter une corde de chanvre, de quatre-vingts pieds de longueur. L'une des extrémités de cette corde venait s'attacher au tube de verre ; l'autre extrémité, qui atteignait au bout de la galerie, se terminait par une petite boule d'ivoire.

Fig. 227. — Le 2 juillet 1729, Grey et Wehler découvrent la propagation de l'électricité le long des corps conducteurs.

Tout se trouvant ainsi disposé, Grey frotta le tube de verre, pendant que Wehler approchait de l'extrémité libre de la corde de chanvre quelques menus corps, tels que des plumes ou de minces feuilles de métal. Les corps légers furent vivement attirés.

Ainsi l'électricité se transmettait d'un bout à l'autre de la corde, et la même expérience, qui avait échoué quand on supportait la corde au moyen de ficelles de chanvre, réussissait parfaitement quand on remplaçait ces dernières par un cordon de soie.

Assez surpris d'un résultat si contraire à celui qu'ils avaient observé la veille, nos deux physiciens s'empressèrent de varier cette expérience, et de lui donner toute l'extension possible.

La galerie dans laquelle on se trouvait ne permettait pas d'opérer sur une plus grande longueur en ligne droite. On ramena donc la corde sur elle-même, en lui faisant parcourir deux fois la galerie, c'est-à-dire une étendue de cent quarante-sept pieds. L'expérience réussit encore très-bien.

On se transporta ensuite dans une grange, pour répéter le même essai sans replier la corde sur elle-même. On tendit en ligne droite une corde de cent vingt-quatre pieds de long, supportée par un cordon de soie placé transversalement : le fluide électrique se transporta parfaitement d'un bout à l'autre de ce long conducteur.

Le lendemain, 3 juillet, Grey et Wehler se disposèrent à répéter ces expériences, dans la même grange, en repliant une ou deux fois la corde de manière à doubler ou à tripler sa longueur. Mais un accident vint les contrarier. Le cordonnet de soie qui supportait cette longue corde se rompit. N'ayant pas en ce moment sous la main de cordonnet de soie plus fort, Wehler, qui ne considérait toujours dans ce support que le plus ou le moins de solidité qu'il pouvait offrir, va prendre un gros fil de laiton, et remplace par ce fil métallique, le cordon de soie qui s'était rompu. L'expérience est alors reprise.

Mais, résultat inattendu ! l'expérience échoue complètement. Le fluide électrique cessa d'être transporté à l'extrémité de la corde ; les corps légers n'étaient plus attirés.

Ainsi l'électricité se perdait par le fil de laiton servant de support, comme il s'était perdu par les ficelles de chanvre et les clous, dans la première expérience de Grey.

Le chanvre et les métaux offraient donc un passage facile au fluide électrique, tandis que la soie mettait obstacle à sa propagation.

Nos expérimentateurs, en effet, ne furent pas longs à se convaincre que c'était bien la nature de la soie, et non toute autre circonstance, qui empêchait la perte de l'électricité. Un fil métallique, quelle que fût sa grosseur, laissait toujours écouler le fluide électrique, tandis qu'un cordonnet de soie, quelque mince qu'il fût, le retenait toujours.

Poursuivant les mêmes recherches, Grey et Wehler reconnurent que le verre, la résine, le soufre, le diamant, les huiles, les oxydes métalliques, etc., ne livrent point passage à l'électricité, tandis que les métaux, les liqueurs acides ou alcalines, l'eau, le corps des animaux, etc., lui offrent une circulation facile. Il fut ainsi reconnu que les corps dans lesquels le frottement développe de l'électricité, sont mauvais conducteurs de ce fluide ; tandis que ceux qui ne s'électrisent pas par ce moyen sont bons conducteurs. Les physiciens comprirent dès lors, que si les corps bons conducteurs ne s'électrisent point par le frottement, cela tient à ce que le fluide électrique, à mesure qu'il est dégagé par le frottement, s'écoule immédiatement dans le sol, en raison de la conductibilité de ces mêmes corps.

Voilà par quelle suite de hasards singuliers Grey fut amené à découvrir le fait du transport à distance de l'électricité, et comment bientôt après, Grey et Wehler reconnurent que tous les corps peuvent être distingués en *électriques* et *non électriques*, c'est-à-dire en mauvais conducteurs et bons conducteurs. Ces observations marquèrent les premiers pas importants faits par la science de l'électricité.

Une remarque à faire en ce qui concerne le transport du fluide électrique découvert par Grey et Wehler, c'est que ces deux physiciens ne poussèrent pas cette importante observation aussi loin qu'il leur était permis et qu'il était facile de le faire. Grey et Wehler n'allèrent pas jusqu'à reconnaître ce grand fait, que le transport de l'électricité à distance n'admet aucunes limites. Ils annoncèrent avoir transporté les effets électriques jusqu'à sept cent soixante-cinq pieds, et ils n'allèrent pas plus loin.

Otto de Guericke avait vu l'électricité franchir seulement la longueur d'une aune ; Grey et Wehler constatèrent sa propagation jusqu'à sept cent soixante-cinq pieds. Il fallait de nouvelles expériences pour constater que le transport de l'électricité n'admet point de limites. Telle est la marche lente et progressive de l'esprit humain dans la recherche des vérités physiques. Il ne s'élève que par degrés à la connaissance des grandes lois de la nature, et le complément d'une découverte qui nous apparaît d'une réalisation facile, exige quelquefois des siècles pour s'accomplir.

Etienne Grey, l'auteur des belles expériences que nous venons d'exposer, s'était fait remarquer par des observations moins importantes sans doute, mais qui avaient pourtant leur degré d'utilité. Il fit plusieurs remarques particulières, qui offrent aujourd'hui peu d'intérêt, parce qu'elles sont devenues banales, elles qui avaient une véritable valeur à l'origine de la science, lorsqu'on ignorait les moyens de développer l'électricité dans les corps animés et dans les liquides.

Grey fit le premier l'expérience de la bulle d'eau de savon électrisée par l'intermédiaire d'une pipe à fumer et attirant à elle des corps légers à la distance de quatre pouces[7]. Il multiplia beaucoup les expériences sur l'électrisation des liquides. Il fit voir qu'une goutte d'eau, électrisée et isolée sur un plateau de verre, attire et repousse ensuite les corps légers qu'on lui présente ; et qu'une masse liquide, telle que du mercure ou de l'eau, se soulève, sous la forme d'un cône, quand on en approche un gros tube de verre électrisé[8].

Il découvrit encore que le corps de l'homme peut s'électriser. Il prouvait ce dernier fait en plaçant, sur un gâteau de résine, destiné à l'isoler, un enfant, qu'il mettait en communication avec un tube de verre électrisé.

Il eut aussi l'idée de suspendre un enfant sur des cordons de crin dans une position horizontale, et constata que, lorsqu'il avait mis en contact avec l'enfant son tube de verre frotté, la tête et les pieds attiraient les corps légers[9],

Après avoir énuméré les découvertes d'Etienne Grey, notons une opinion de cet observateur, erronée sans nul doute, mais bien digne d'être signalée par son analogie avec les vues qu'avait précédemment émises sur le même sujet, Otto de Guericke.

Grey avait cru reconnaître que les corps légers suspendus par un filet attirés par l'action électrique, exécutent leur révolution d'occident en orient, dans des ellipses dont il détermina les foyers. Il s'était flatté de parvenir, par cette analogie de mouvement, à dévoiler le mécanisme du système de l'univers et l'essence de l'attraction planétaire. Cette pensée le suivit jusqu'au tombeau. Il la communiqua, la veille de sa mort, au secrétaire de la *Société royale de Londres*, le docteur Mortimer, à qui il laissa le plan des expériences à exécuter pour la confirmer.

Voulant se convaincre par lui-même de l'existence du phénomène, Mortimer exécuta les expériences, et partagea l'erreur de son ami. Il fallut, pour la détruire, que Wehler, répétant les mêmes essais, en présence des membres de la *Société royale de Londres*, et dans le lieu consacré à ses séances, obtînt un résultat différent de celui que Mortimer avait annoncé.

L'erreur dans laquelle Grey et Mortimer étaient tombés avait sa source dans le même phénomène physico-mental qui rend compte des effets du *pendule explorateur* et des *tables tournantes*. C'est le désir secret, chez l'opérateur, de produire le mouvement d'occident en orient, dans les corps électrisés, qui avait provoqué les corps suspendus, à se mouvoir suivant cette direction, au moyen d'une impulsion légère, et d'ailleurs tout à fait involontaire, donnée par la main qui tenait le corps suspendu.

Ce qui prouve la vérité de notre explication, c'est que Grey recommande, comme condition indispensable au succès de l'expérience, de faire soutenir le fil, non par un point fixe quelconque, mais par l'expérimentateur lui-même. Les phénomènes qu'il décrit ne se reproduisaient plus quand on remplaçait la main de l'expérimentateur par un support matériel.

Dans son *Histoire de l'électricité*, Priestley donne, à propos des faits qui précèdent, les détails intéressants qui vont suivre.

« La plus grande erreur que M. Grey paraît avoir adoptée, dit Priestley, fut occasionnée par des expériences qu'il fit avec des balles de fer, pour observer la révolution des corps légers autour d'elles. L'article qui regarde ces expériences étant le dernier que M. Grey ait écrit, je le rapporterai tout au long, comme une chose curieuse :

« J'ai fait dernièrement, dit Grey, plusieurs expériences nouvelles sur le mouvement projectile et d'oscillation des petits corps par l'électricité, au moyen desquelles on peut faire mouvoir de petits corps autour des grands, soit en cercles ou en ellipses, qui seront concentriques ou excentriques au centre du plus grand corps, autour duquel ils se meuvent, de façon qu'ils fassent plusieurs révolutions autour d'eux. Ce mouvement se fera constamment du même sens que celui dans lequel les planètes se meuvent autour du soleil, c'est-à-dire de droite à gauche ou d'occident en orient ; mais ces petites planètes, si je puis les nommer ainsi, se meuvent beaucoup plus vite dans les parties de l'apogée, que dans celles du périgée de leurs orbites ; ce qui est directement contraire au mouvement des planètes autour du soleil. »

« M. Grey n'a songé à ces expériences que fort peu de temps avant sa dernière maladie, et n'a pu les achever ; mais, la veille de sa mort, il fit part des progrès qu'il avait déjà faits au docteur Mortimer, alors secrétaire à la Société royale. Il dit que, chaque fois qu'il les répétait, elles lui causaient une nouvelle surprise, et qu'il espérait, si Dieu lui conservait encore la vie quelque temps, pouvoir, d'après ce que promettaient ces phénomènes, porter ses expériences électriques à la plus grande perfection. Il ne doutait pas qu'il ne fût en état, dans fort peu de temps, d'étonner le monde avec une nouvelle sorte de planétaire, auquel on n'avait jamais pensé jusqu'alors, et que d'après ces expériences il pourrait établir une théorie certaine pour expliquer les mouvements des corps célestes. Ces expériences, toutes trompeuses qu'elles sont, méritent d'être rapportées, ainsi que celles que l'on fit en conséquence après la mort de M. Grey. Je les rapporterai, dans les propres termes de M. Grey, telles qu'il les donna à M. Mortimer au lit de la mort.

« Placez, dit-il, un petit globe de fer d'un pouce ou un pouce et demi de diamètre, faiblement électrisé, sur le milieu d'un gâteau circulaire de résine, de sept ou huit pouces de diamètre, et alors un corps léger suspendu par un fil très-fin, de cinq ou six pouces de long, tenu dans la main au-dessus du centre de la table, commencera de lui-même à se mouvoir en cercle autour du globe de fer, et constamment d'occident en orient. Si le globe est placé à quelque distance du centre du gâteau circulaire, le petit corps décrira une ellipse qui aura pour excentricité la distance du globe au centre du gâteau.

« Si le gâteau de résine est d'une forme elliptique et que le globe de fer soit placé à son centre, le corps léger décrira une orbite elliptique de la même excentricité que celle de la forme du gâteau.

« Si le globe de fer est placé auprès ou dans un des foyers du gâteau elliptique, le corps léger aura un mouvement beaucoup plus rapide dans l'apogée que dans le périgée de son orbite.

Louis Figuier

« Si le globe de fer est fixé sur un piédestal, à un pouce de la table, et que l'on place autour de lui un cercle de verre, ou une portion de cylindre de verre creux électrisé, le corps léger se mouvra comme dans les circonstances ci-dessus et avec les mêmes variétés. »

« Il dit, de plus, que le corps léger ferait les mêmes révolutions, mais seulement plus petites, autour du globe de fer placé sur la table nue, sans aucun corps électrique pour le soutenir ; mais il avoue qu'il n'a pas trouvé que l'expérience réussît, quand le fil était soutenu par autre chose que la main, quoiqu'il imagine qu'elle aurait réussi, s'il eût été soutenu par quelque substance animale vivante ou morte.

« M. Grey continua de faire part à M. Mortimer d'autres expériences encore plus erronées que je me dispenserai de citer par égard pour sa mémoire. Que les chimères de ce grand électricien apprennent à ceux qui le suivent dans la même carrière, qu'il faut être bien circonspect dans les conséquences que l'on tire. Il ne faut pourtant pas que l'exemple décourage personne d'essayer ce qui pourrait ne pas paraître probable ; mais il doit engager du moins à différer la publication des découvertes, jusqu'à ce qu'elles aient été bien confirmées, et que les expériences aient été faites en présence d'autres personnes. Dans des expériences délicates une imagination forte influera beaucoup même sur les sens extérieurs ; nous en verrons des exemples fréquents dans le cours de cette histoire.

« Le docteur Mortimer semble avoir été trompé lui-même par ces expériences de M. Grey ; il dit qu'en les essayant après sa mort, il trouva que le corps léger faisait des révolutions autour des corps de différentes figures et de différentes substances, aussi bien qu'autour du globe de fer, et qu'il avait récemment essayé l'expérience avec un globe de marbre noir, une écritoire d'argent, un petit copeau de bois et un gros bouchon de liège.

« Ces expériences de M. Grey furent essayées par M. Wehler et d'autres personnes, dans la maison où s'assemble la Société royale, et avec une grands variété de circonstances ; mais on ne put tirer aucune conséquence de ce qu'ils observèrent pour lors. M. Wehler, se donnant lui-même bien des peines pour les vérifier, eut des résultats différents ; et à la fin, il dit que son opinion était que, le désir de produire le mouvement d'occident en orient était la cause secrète qui avait déterminé le corps suspendu à se mouvoir dans cette direction, au moyen de quelque impression qui venait de la main de M. Grey, aussi bien que de la sienne, quoiqu'il ne se fût point aperçu lui-même qu'il donnât aucun mouvement à sa main. »

CHAPITRE III

TRAVAUX DE DUFAY. — PREMIÈRE ÉTINCELLE ÉLECTRIQUE TIRÉE DU CORPS DE L'HOMME. — EXPÉRIENCES DES PHYSICIENS ALLEMANDS. — PERFECTIONNEMENT ET FORMES DIVERSES DE LA MACHINE ÉLECTRIQUE : MACHINE DE BOZE, DE HAÜSEN, DE WINCKLER, DE WATSON, ETC. — MACHINE DE L'ABBÉ NOLLET EN FRANCE. — INFLAMMATION DES SUBSTANCES COMBUSTIBLES PAR L'ÉTINCELLE ÉLECTRIQUE.

L'Angleterre seule avait encore été le théâtre d'expériences importantes sur l'électricité. Les physiciens français entrèrent plus tardivement dans cette carrière ; mais leurs premiers essais furent marqués de ce caractère de généralisation et de méthode qui distingue l'esprit scientifique de notre nation.

Les faits observés jusque-là étaient nombreux, mais leur multiplicité même portait la confusion dans la science naissante. Un système général d'explications pour l'ensemble des phénomènes électriques, fut bientôt imaginé en France. Cette théorie remplissait si heureusement son objet, qu'elle a suffi jusqu'à notre époque, pour l'explication et la systématisation des phénomènes électriques.

C'est à Dufay, naturaliste et physicien, membre de l'Académie des sciences, intendant du jardin du Roi, et prédécesseur de Buffon dans cette charge, qu'appartient l'idée de cette théorie.

Depuis l'année 1733 jusqu'en 1735, Dufay publia une série de mémoires sur l'électricité. Il prouva que tous les corps, sans exception, peuvent s'électriser par le frottement, à la condition d'être tenus par un manche de verre ou de résine, c'est-à-dire *isolés*.

Ce résultat général effaçait la distinction que Grey avait établie entre les corps électrisables et les corps non électrisables par le frottement. Bien que mal fondée, cette distinction avait simplifié les faits et jeté sur les phénomènes déjà connus une clarté incontestable. Après avoir rendu un service réel et joué son rôle dans la science, cette théorie, devenue inutile, fut donc supprimée, comme il arrive si souvent dans toutes les branches de nos connaissances positives en voie de création ou de perfectionnement.

Dufay démontra encore, que la conductibilité des substances organiques tient à la présence de l'eau, qu'elles renferment toujours. Il fit voir, par exemple, que, dans la célèbre expérience de Grey et Wehler dont nous avons rapporté les détails, la conductibilité des substances organiques employées par ces expérimentateurs, c'est-à-dire des baguettes de bois, des roseaux et des cordes de chanvre, provenait d'une petite quantité d'humidité que retiennent toujours ces matières. En effet, en mouillant une corde de chanvre, il augmenta considérablement sa conductibilité. En répétant avec une corde mouillée, l'expérience de Grey et Wehler, il transmit les effets électriques jusqu'à une distance de douze cents pieds.

Le principal titre de gloire de Dufay fut la découverte d'un grand principe théorique qu'il posa pour expliquer l'ensemble des actions électriques. Ces règles importantes, le physicien français les dut moins à ses propres expériences qu'à la sagacité avec laquelle il sut généraliser les observations de ses prédécesseurs. La loi qu'il en fit sortir exerça la plus haute influence sur les progrès ultérieurs de la science.

Dufay expose lui-même en ces termes la théorie dont il proposa l'adoption.

« J'ai découvert, nous dit-il dans un de ses mémoires, un principe fort simple qui explique une grande partie des irrégularités, et, si je puis me servir du terme, des caprices qui semblent accompagner la plupart des expériences en électricité.

« Ce principe est que les corps électriques attirent tous ceux qui ne le sont pas, et les repoussent sitôt qu'ils sont devenus électriques par le voisinage ou par le contact de corps électriques. Ainsi la feuille d'or est d'abord attirée par le tube, acquiert de l'électricité en en approchant, et conséquemment en est aussitôt repoussée ; elle ne l'est point de nouveau tant qu'elle conserve sa qualité électrique ; mais si, tandis qu'elle est ainsi soutenue en l'air, il arrive qu'elle touche quelque autre corps, elle perd à l'instant son électricité, et conséquemment est attirée de nouveau par le tube, lequel, après lui avoir donné une nouvelle électricité, la repousse une seconde fois, et cette répulsion continue aussi longtemps que le tube conserve sa puissance. En appliquant ce principe aux différentes expériences d'électricité, on sera surpris du nombre de faits obscurs et embarrassants qu'il éclaircit[10]. »

Un principe beaucoup plus général fut établi par Dufay. Nous voulons parler de la distinction des deux espèces d'électricités : l'électricité résineuse et l'électricité vitrée ; ou, si l'on veut, positive et négative.

« Le hasard, continue Dufay, m'a présenté un autre principe plus universel et plus remarquable que le précédent, et qui jette un nouveau jour sur la matière de l'électricité.

« Ce principe est qu'il y a deux sortes d'électricités fort différentes l'une de l'autre : l'une que j'appelle *électricité vitrée*, et l'autre *électricité résineuse*. La première est celle du verre, du cristal de roche, des pierres précieuses, du poli des animaux, de la laine et de beaucoup d'autres corps. La seconde est celle de l'ambre, de la gomme copale, de la gomme laque, de la soie, du fil, du papier et d'un grand nombre d'autres substances.

« Le caractère de ces deux électricités est de se repousser elles-mêmes et de s'attirer l'une l'autre. Ainsi, un corps de l'électricité vitrée repousse tous les autres corps qui possèdent l'électricité vitrée, et au contraire il attire tous ceux de l'électricité résineuse. Les résineux pareillement repoussent les résineux et attirent les vitrés. On peut aisément déduire de ce principe l'explication d'un grand nombre d'autres phénomènes, et il est probable que cette vérité nous conduira à la découverte de beaucoup d'autres choses, »

Dans le passage que nous venons de citer, Dufay établit avec une grande lucidité, l'existence de deux espèces d'électricités : l'une, qu'il appelle *électricité vitrée*, appartient au verre, au cristal de roche, aux pierres précieuses, à la laine, aux poils des animaux, etc. ; l'autre, qu'il nomme *électricité résineuse*, est celle de l'ambre, de la soie, du fil, du papier, etc. Le caractère distinctif de ces deux électricités, c'est de se repousser elles-mêmes et de s'attirer l'une l'autre. Un corps qu'anime l'électricité vitrée, repousse tous les corps qui jouissent de la même électricité ; il attire, au contraire, ceux qui possèdent l'électricité résineuse.

Le principe posé par Dufay était d'un ordre tout à fait supérieur ; il ouvrait un champ immense aux progrès de la science électrique. À l'époque où il fut, pour la première fois, formulé par son auteur, il rendit un service inestimable en répandant la clarté sur le plus grand nombre des phénomènes observés jusque-là, et permettant de les grouper d'une manière systématique. C'est grâce à ce principe et aux lois de l'attraction électrique, découvertes plus tard par Coulomb, que l'on a pu concevoir une idée rigoureuse des phénomènes si complexes de l'électricité, et les soumettre au calcul. Enfin, la théorie de Dufay a permis, jusqu'à notre époque, d'expliquer commodément et avec simplicité tous les phénomènes électriques. La découverte du physicien français se recommande donc sous bien des aspects, à la reconnaissance des savants.

Le principe établi par Dufay n'eut pas seulement une importance théorique, il eut encore son utilité pratique : il donna le moyen de reconnaître facilement, par expérience, à laquelle des deux électricités appartient un corps quelconque, animé d'un état électrique inconnu. Il suffit, pour s'assurer immédiatement de l'espèce d'électricité que renferme ce corps, d'en approcher un fil de soie électrisé résineusement. Si le fil est repoussé, le corps et le fil ont la même électricité, c'est-à-dire la résineuse. Si le fil est attiré par le corps, celui-ci est doué de l'électricité vitrée. On aperçoit ici la première trace de l'*électromètre*, instrument précieux qui sert à la fois à dévoiler la présence de l'électricité, à en déterminer l'espèce et à en mesurer la force.

Mais ce qui contribua surtout à rendre le nom de Dufay célèbre parmi les physiciens et à le populariser dans le gros du public, ce fut l'expérience dans laquelle il montra pour la première fois, que l'on peut tirer des étincelles électriques du corps humain.

Grey, en Angleterre, avait déjà prouvé que le corps de l'homme peut devenir électrique. Comme nous l'avons dit, le physicien anglais avait suspendu sur des cordons de soie, un jeune garçon, et, le touchant avec un tube électrisé par le frottement, c'est-à-dire avec la machine électrique de cette époque, il avait constaté que le corps de la personne ainsi isolée, avait acquis la vertu électrique, car il attirait les corps légers. Il avait même cru reconnaître que les pieds n'agissaient pas, dans cette circonstance, avec autant d'intensité que la tête. Mais Grey, en raison de l'insuffisance de l'appareil électrique qu'il avait à sa disposition, n'était pas allé jusqu'à tirer une étincelle du corps humain. Dufay obtint ce dernier résultat, qui causa une vive impression sur l'esprit de ses contemporains.

Ayant attaché au plafond deux cordons de soie, destinés à produire l'isolement électrique, Dufay se coucha sur une petite plate-forme supportée en l'air par des cordons de soie, et il se fit électriser, par le contact d'un gros tube de verre frotté.

Fig. 228. — Dufay.

L'abbé Nollet, qui débutait alors dans la carrière des sciences, lui servait d'aide dans cette tentative intéressante. Lorsque Nollet vint à approcher son doigt à une petite distance de la jambe de Dufay, il en partit aussitôt une vive étincelle. C'était le fluide électrique, qui, pour la première fois, s'élançait entre les corps de deux philosophes !

Ce résultat causa aux expérimentateurs une douce surprise. Nollet nous dit, dans un de ses ouvrages, qu'il n'oubliera jamais l'étonnement qu'il éprouva en voyant la première étincelle électrique émanée du corps humain[11].

Cette étincelle occasionnait une impression de douleur très-légère, semblable à celle d'une piqûre d'épingle. Elle se faisait sentir à la main qui tirait l'étincelle, aussi bien qu'à la personne d'où s'élançait le fluide. Quand on opérait dans l'obscurité, le corps de l'individu électrisé répandait une émanation lumineuse, qui étonnait beaucoup les assistants.

Aussi cette expérience occasionna-t-elle une grande sensation dans le public. On s'empressait d'accourir dans le cabinet de Dufay, pour être témoin d'un phénomène qui ouvrait une carrière inépuisable aux discussions de la philosophie et de la physique de cette époque. On croyait, en effet, voir se manifester physiquement à l'extérieur, cette *matière subtile*, ces *petits corps*, ces*esprits animaux*, qui, depuis Descartes, défrayaient toutes les discussions scientifiques, et qui servaient à résoudre tous les problèmes relatifs aux êtres vivants ou aux êtres inanimés, les problèmes de la physique aussi bien que les questions de psychologie.

L'électricité servait déjà, comme elle l'a fait tant de fois depuis, et comme elle le fera toujours, à expliquer pour certains esprits ce qui est inexplicable.

Les travaux de Dufay venaient de jeter beaucoup d'éclat sur les savants français. Les physiciens de l'Allemagne, qui n'avaient pris encore qu'une très-faible part aux recherches concernant l'électricité, entrèrent alors dans cette voie. Ils reprirent la suite des importantes études dont leur compatriote, Otto de Guericke, avait donné le signal, en construisant la première machine électrique que la physique ait possédée.

L'intervention des expérimentateurs d'outre-Rhin ne fut pas inutile, Elle amena des perfectionnements importants dans la disposition et l'emploi de la machine électrique. C'est grâce aux modifications apportées par eux à la construction de cet instrument, que l'on parvint bientôt à donner aux phénomènes électriques une puissance, une intensité, jusque-là sans exemple.

Nous avons déjà dit que les machines électriques d'Otto de Guericke et de Hauksbee, c'est-à-dire celles qui se composaient d'un globe de verre ou de soufre, avaient été abandonnées, après Hauksbee, par les physiciens, qui s'étaient contentés d'un simple tube de verre, pour développer l'état électrique. C'est un physicien allemand, Boze, professeur à Wittemberg, qui eut, vers l'année 1733, l'idée d'en revenir au globe de verre, dont Hauksbee avait fait usage.

Boze forma sa machine électrique au moyen d'un globe de verre creux, c'est-à-dire d'une simple bouteille sphérique. Ce globe de verre, traversé de part en part d'une tige de fer, était mis en mouvement de rotation à l'aide d'une manivelle. La main de l'opérateur servait à frotter le globe, pour y développer l'état électrique.

Boze imagina en même temps, de munir sa machine d'un conducteur de fer-blanc, qui servait à conserver et à emmagasiner le fluide électrique, une fois produit par le globe.

L'expérimentateur allemand n'avait pas d'abord trouvé de moyen plus commode pour isoler ce conducteur métallique, que de le faire porter sur les mains d'un homme, placé lui-même sur un gâteau de résine, qui servait à l'isoler. On voit encore dans quelques ouvrages de cette époque, le dessin de cette singulière machine électrique, où le corps de l'homme entre comme élément de l'appareil. On eut pourtant bientôt l'idée, toute naturelle, de suspendre le conducteur de fer-blanc à des cordons de soie fixés au plafond. Ces conducteurs, qui constituaient un réservoir d'électricité, communiquaient avec la machine, par une tige métallique.

Par la construction de cette machine, le professeur de Wittemberg rendit à l'électricité un service dont on comprendra tout le prix, si l'on réfléchit que les sciences physiques ne peuvent se former et s'agrandir que par le perfectionnement des instruments qu'elles mettent en œuvre.

La machine de Boze se répandit très-promptement en Allemagne ; elle revêtit diverses formes entre les mains des physiciens. Wolfius fit construire à Leipzig, par le célèbre mécanicien Leupold, une machine qui ne différait seulement de l'appareil primitif de Hauksbee qu'en ce que le globe de verre tournait verticalement, au lieu d'être placé horizontalement.

Fig. 229. — Machine électrique de Haüsen.

Haüsen, professeur à Leipzig, construisit une machine peu différente de celle de Wolfius. Nous représentons (fig. 229) cette machine électrique d'après un ouvrage de cette époque, *Expériences et observations sur l'électricité*, de Guillaume Watson[12]. Dans cette machine, que Watson appelle *machine à électricité dans le goût de celle de M. Hauskbee, à Londres et de M. Haüsen, à Leipzig*, on voit un jeune clerc, ou abbé, tourner la roue qui imprime à un globe de verre, un mouvement de rotation. Le frottement du verre contre la main développe, à la surface du globe, de l'électricité vitrée ; tandis que l'électricité résineuse passe, de la main, à travers le corps de la dame, et se perd dans la terre. Un personnage suspendu en l'air par des cordes de soie qui l'isolent, joue le rôle de conducteur, selon le système primitif de Boze. L'électricité développée à la surface du globe est recueillie par ses pieds, et, le traversant tout entier, passe par l'extrémité de sa main droite dans le corps de la jeune fille, qui est placée elle-même sur un bloc de résine faisant l'office de tabouret isolant. Celle-ci, tenant le jeune homme de la main gauche, attire avec sa main droite, des feuilles d'or légères, placées sur un guéridon isolant. On voit que l'électricité a passé à travers le jeune couple, comme à travers une chaîne conductrice, du globe de verre jusqu'aux feuilles d'or[13].

Fig. 231. — La première étincelle électrique tirée du corps
humain (1745).

Watson donne encore la figure suivante, qu'il accompagne de
cette légende :

Fig. 230. — Machine électrique à globe de verre.

« *Autre machine à électricité fort usitée en Hollande, et principalement à Amsterdam.* L'homme B tourne la roue ; le globe de verre C est frotté par la main de la personne D. EE est un tuyau de fer-blanc, une barre de fer ou un canon de fusil qui repose sur des cordons de soie, montés sur un guéridon ou support F. »

Dans les figures qui précèdent, c'est toujours la main qui sert, en frottant le globe, à dégager l'électricité. Winckler, professeur de langues grecque et latine à l'université de Leipzig, modifia ces machines, en substituant un coussin, à la main de l'expérimentateur. Il changea aussi le mécanisme destiné à imprimer la rotation au globe de verre, en adoptant pour cet usage, l'archet du tourneur en bois.

Winckler expose en ces termes comment il fut amené à perfectionner de cette manière la machine électrique de Boze et de Haüsen : « Cette machine, nous dit-il, ne laisse pas d'avoir ses imperfections, car : 1° l'effet ne réussit pas si la main qu'on applique au globe électrique n'est pas bien sèche ; 2° on ne peut pas donner assez de frottement au globe, faute de pouvoir le tourner aussi rapidement qu'il serait nécessaire ; 3° il est trop fatigant de tourner la roue, surtout lorsqu'il faut accélérer et augmenter l'effet, et le continuer pendant longtemps.

« Ces réflexions m'ont fait penser à un moyen de remédier à ces inconvénients. Je visai principalement à un expédient pour parvenir à une machine avec laquelle on puisse produire l'électricité aussi rapidement et avec aussi peu de peine qu'il soit possible. Je travaillai l'année passée à une machine pour la démonstration des forces centrales, et, comme j'avais remarqué dans mon tourneur un génie singulier pour la disposition des machines, je lui fis part de ce que je trouvais à redire à la machine de M. Haüsen. Il y avait pensé avant moi, et, après m'avoir dit qu'il connaissait une façon d'exciter une très-forte électricité sans peine et fort rapidement, il me mena devant son tour et me fit voir son art. Je pensai alors à l'œuf de Colomb, que personne de ceux qui regardaient la découverte du nouveau monde comme une chose très-aisée ne pouvait faire reposer sur sa pointe, car je voyais bien qu'il ne fallait pas beaucoup de science pour imiter une pareille machine à électricité[14]. »

La machine employée par Winckler, et dont il donne la description, consistait en un globe de verre, que l'on faisait tourner au moyen d'un archet métallique très-élastique, et qui frottait contre un coussin de crin. Grâce à l'élasticité de l'archet, on pouvait imprimer au globe de verre une vitesse de rotation de 180 tours par minute.

La substitution, faite par Winckler, d'un coussin fixe, à la main de l'opérateur, pour opérer la friction du globe ne fut pas universellement goûtée. On trouvait qu'en raison de sa fixité, le coussin ne se prêtait pas avec assez de souplesse aux inégalités de mouvement que présentait la rotation du globe de verre.

En France particulièrement, on crut devoir rejeter l'usage des coussins ; et la main, bien sèche, fut proclamée beaucoup plus efficace pour dégager l'électricité.

L'abbé Nollet se montra le plus ardent à repousser la disposition nouvelle, venue d'Allemagne. Il était doué d'une main large, nerveuse et sèche, que la nature semblait avoir faite tout exprès pour exercer des frictions électriques. Mais le même motif n'existait pas chez tous les expérimentateurs, qui eurent le tort de s'associer au préjugé du physicien du collège de Navarre[15].

Dans son Essai sur *l'électricité des corps*, ouvrage qui fut publié pour la première fois, en 1747, l'abbé Nollet donne les détails suivants sur la manière de construire une semblable machine. Ce passage du livre de Nollet donnera une idée exacte de l'état de la machine électrique, en France, à l'époque où nous sommes parvenus :

« Il y a environ quatorze ans que M. Boze, professeur de physique à Wittemberg, essaya de substituer au tube un globe de verre que l'on fait tourner sur son axe et que l'on frotte en y tenant seulement les mains appliquées. En généralisant ainsi cette façon d'électriser le verre, qu'on avait bornée jusqu'alors à quelques usages particuliers, cet habile physicien a trouvé, et pour lui et pour ceux qui l'ont imité depuis, un moyen sûr, non-seulement d'opérer avec facilité, mais encore de pousser les effets beaucoup au delà de ce qu'on avait pu faire avec le tube…

« Quant aux dimensions des globes, ils sont d'une bonne grandeur quand ils ont environ un pied de diamètre ; il vaudrait mieux qu'ils eussent quelques pouces au-dessus que quelques pouces au-dessous de cette mesure ; mais je ne crois pas qu'il fût fort avantageux de les avoir beaucoup plus gros.

« Une chose qui est bien plus essentielle, c'est une certaine épaisseur, comme d'une ligne et demie au moins et autant uniforme qu'il est possible. Outre que cette condition met le vaisseau en état de résister davantage à la pression de celui qui le frotte, il n'est pas douteux (et je m'en suis assuré par des observations bien constantes) que l'électricité d'un verre épais est sensiblement plus forte et plus durable que celle d'un verre plus mince.

« La figure sphérique n'est point absolument nécessaire, elle n'est pas même préférable à une autre forme, sinon peut-être parce qu'on la fait aisément prendre au verre en le soufflant ; il est également bon que ce soit un sphéroïde allongé ou aplati, pourvu que la partie la plus élevée que l'on frotte soit assez régulièrement arrondie pour faciliter le frottement ; il est même d'usage dans presque toute l'Allemagne et dans l'Italie, où l'on fait présentement ces sortes d'expériences avec succès, d'employer des vaisseaux cylindriques.

« Le globe que l'on veut électriser doit tourner entre deux pointes de fer ou d'acier, comme les ouvrages qui se font au tour ; pour cet effet, il faut qu'à l'un de ses deux pôles il ait une poulie de bois dont la gorge puisse recevoir la corde d'une roue à peu près semblable à celle des cordiers ou à celle des couteliers, et qu'à l'autre pôle il soit garni d'un morceau de bois propre à recevoir la pointe du tour…

« Ce globe, ainsi préparé, doit tourner rapidement sur son axe entre deux pointes ; il importe peu comment cela se fasse, pourvu que le mouvement de rotation soit assez fort pour vaincre le frottement des mains qui appuient sur la surface extérieure du verre et que les pointes tiennent à des piliers ou poupées assez solides pour ne pas laisser échapper le vaisseau tandis qu'on le fait tourner avec violence : ainsi, quiconque aura un tour et une roue de trois à quatre pieds de diamètre, comme on en a assez communément dans les laboratoires, n'a pas besoin de chercher autre chose.

« Au défaut de cet équipage, on pourra se servir d'une roue de coutelier, de celle d'un cordier ou même d'une vieille roue de carrosse, à laquelle on formera une gorge de bois rapporté, et l'on établira deux poupées à pointes sur un tréteau que l'on aura fixé à une muraille.

« Mais une chose qu'il ne faut point oublier, c'est que l'une des deux pointes soit une vis qui fera son écrou dans le bois même de la poupée, afin qu'on puisse serrer le globe sans frapper.

« Si l'on fait les frais d'une machine de rotation exprès pour ces sortes d'expériences, on peut lui donner telle forme et telle décoration qu'on jugera convenable ; mais je trouve à propos qu'elle ait les qualités suivantes :

« 1° Qu'elle soit assez grande et assez forte pour servir à toutes sortes d'expériences de ce genre : ainsi, il serait bon que la roue eût au moins quatre pieds de diamètre, qu'elle fût portée sur un bâti bien solide, assez pesant, et qu'il y eût deux manivelles, afin qu'en employant deux hommes pour tourner en certains cas, on pût forcer les frottements du globe pour augmenter les effets. J'éprouve tous les jours qu'un seul homme ne suffit pas ;

« 2° Que l'axe de la roue soit à telle hauteur que l'homme qui est appliqué à la manivelle se trouve en force et dans une situation non gênée ; cette hauteur doit être d'environ trois pieds et demi au-dessus du plancher, sur lequel la machine et l'homme sont placés ;

« 3° Que la corde de la roue communique immédiatement et sans renvois avec la poulie du globe : premièrement, parce que les renvois, quels qu'ils puissent être, augmentent la résistance ; il y en a déjà assez de la part d'un globe de douze ou quatorze pouces de diamètre, dont on fait frotter l'équateur ; secondement, des poulies de renvoi font toujours beaucoup de bruit, et il y a des occasions où l'on a besoin de silence en faisant ces sortes d'épreuves ;

« 4° Que le globe soit le plus isolé qu'il sera possible, car on doit craindre que les corps voisins n'absorbent une partie de son électricité : ainsi, les poupées pour un globe d'un pied doivent avoir au moins dix pouces au-dessous des pointes ;

« 5° Que le globe soit à une hauteur convenable et se présente de manière que celui qui le doit frotter soit dans toute sa force ; il faut donc, pour bien faire, qu'il se trouve élevé de trois pieds ou environ au-dessus du plancher et qu'il tourne vis-à-vis de celui qui le frotte, en lui présentant son équateur, etc.[16]. »

Fig. 232. — Machine électrique de l'abbé Nollet (1747).

L'abbé Nollet donne ensuite la figure ci-dessus (fig. 232) représentant sa machine, et qui se comprend à la seule inspection.

Pour continuer cet exposé des diverses modifications qu'a reçues la machine électrique avant de prendre la forme qu'elle présente aujourd'hui, nous dirons que le révérend Père Gordon, professeur de philosophie à Erfurt, substitua le premier, au globe de verre, un cylindre de cette matière. Le cylindre qu'il employa avait huit pouces de longueur et quatre de diamètre ; on le faisait tourner au moyen d'un archet.

La machine de Gordon, très-simple et très-portative, se composait d'un cylindre de verre retenu entre deux calottes de bois à ses deux extrémités, et monté entre les deux poupées d'un petit tour, qu'on faisait mouvoir avec un archet. Le cylindre frottait contre un coussinet, à l'imitation des machines allemandes.

Cette machine produisait des effets électriques très-intenses, elle était d'un maniement facile, et suppléait très-avantageusement, par l'emploi d'un coussinet, à l'action de la main de l'opérateur. Aussi fut-elle adoptée en Angleterre de préférence à celle que l'abbé Nollet préconisait en France. Seulement, comme le mécanisme employé par le père Gordon n'imprimait pas au cylindre de verre un mouvement aussi rapide, on changea le système moteur. Au lieu d'une simple roue de bois faisant tourner une corde, on fit usage d'une roue dentée engrenant avec un pignon fixé sur l'axe du cylindre.

Musschenbroek, dans son *Cours élémentaire de physique*, donne la figure suivante (fig. 233) comme représentant une des machines électriques que construisait alors, à Londres, un fabricant d'instruments, nommé Adams. Il en donne la description en ces termes :

« On a imaginé depuis peu en Angleterre une machine électrique que je trouve fort simple et que je préfère, non-seulement à celles dont je me suis servi, mais encore à toutes celles qu'on a imaginées jusqu'à présent. C'est ce qui m'engage à en donner la description.

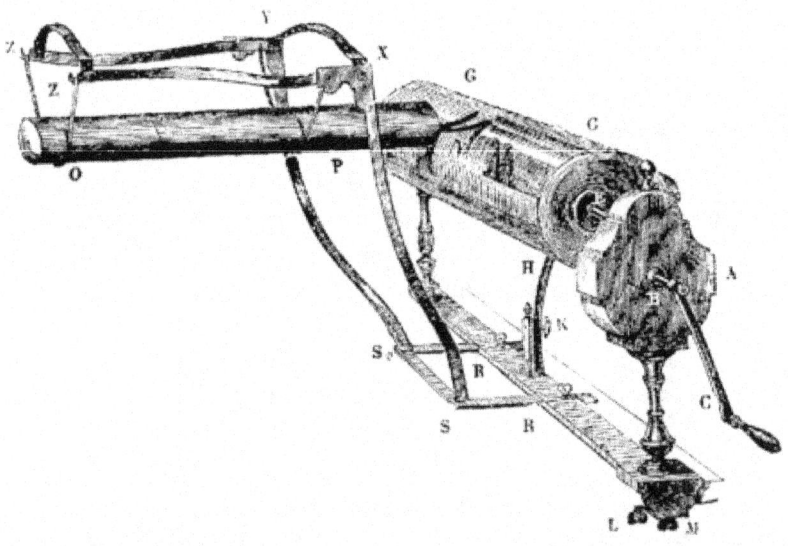

Fig. 233. — Machine électrique anglaise construite par Adams (1750).

« Dans une espèce de tambour creux A est placée une roue dentée, en arbrée sur l'axe E ; cette roue est mise en mouvement par une vis sans fin à trois filets, dont l'axe est saillant en B ; cet axe étant tourné circulairement par le levier BC, à l'aide d'une manivelle, communique un mouvement de rotation très-rapide au cylindre de verre.

« Toute la machine est solidement attachée sur une table à l'aide des vis L, M ; sur la base de cette machine est établi un ressort d'acier H, auquel est attaché un coussinet de cuir GG. Par le moyen de la vis K, on peut bander ou débander le ressort et par conséquent appuyer plus ou moins le coussinet contre le cylindre de verre qu'il doit frotter. Ce cylindre, étant mû circulairement et étant frotté par le coussinet GG, devient fortement électrique. Dans la base de cette machine glissent deux règles de cuivre SR, SR, qu'on fixe par des vis ; sur ces deux premières règles s'élèvent deux autres règles SX, SY, qui en portent deux autres XZ, YZ, à chaque extrémité desquelles pendent des fils de soie bleue qui suspendent un tube de cuivre OP. À la partie antérieure de ce conducteur est fixé un double fil de cuivre doré, aplati à ses extrémités N ; ce fil, tout faible qu'il soit, est extrêmement élastique et reçoit toute l'électricité du cylindre qu'il touche[17]. »

Tibère Cavallo, dans son *Traité complet d'électricité*, a donné le dessin d'une machine construite également par Adams, et qui différait de la précédente en ce qu'elle pouvait fournir à volonté de l'électricité négative ou positive, selon que l'on faisait communiquer avec le sol les coussins ou le cylindre de verre[18]. Cette disposition fut plus tard imitée par Nairne et Van Marum, dans leurs belles et puissantes machines.

Ce n'est que vers l'année 1768 qu'un opticien anglais, nommé Ramsden, substitua au cylindre de verre de la machine électrique, un plateau circulaire de la même substance. Ce plateau tournait à frottement entre quatre coussins de peau, rembourrés de crin et pressant contre le verre au moyen d'un ressort.

Il paraît que ce qui détermina l'abandon du globe de verre pour y substituer, soit un cylindre, soit un plateau, fut un accident assez étrange qui se présentait quelquefois avec les machines à globe : il arrivait que le globe de verre éclatait subitement entre les mains de l'expérimentateur.

Les détails de quelques-unes de ces singulières explosions nous ont été conservés. Le premier accident de ce genre arriva à Lyon, le 8 février 1750, au père Béraud. Cet expérimentateur, opérant en présence de plusieurs personnes, voulait électriser un petit vase de verre vide d'air et contenant du mercure, afin de rendre ce métal lumineux par l'électricité. Pour obtenir un spectacle plus brillant, le père Béraud fit éteindre les lumières. À peine commençait-on à frotter le globe, qu'on entendit comme une sorte de déchirement ; le globe éclata avec bruit et se dissipa en petits fragments qui furent lancés dans les endroits les plus éloignés. Deux personnes furent blessées au visage par les éclats de verre.

Le père Béraud, qui lut quelques jours après à l'Académie de Lyon un mémoire sur cet accident, crut devoir l'attribuer à une fêlure que présentait le globe de verre. Il pensait que « le frottement imprime dans les plus petites fibres du verre un mouvement de frémissement et d'oscillation, qui doit nécessairement agiter la matière contenue dans ses pores. » Le père Béraud partait de là pour donner de ce phénomène une explication dans le goût de la physique de son temps.

Malheureusement pour l'explication du père Béraud, les globes non fêlés étaient également sujets à cette rupture spontanée. Dans la première partie de ses *Lettres sur l'électricité* l'abbé Nollet nous apprend qu'un globe de verre avait détoné entre les mains du professeur Boze, à Wittemberg ; un autre entre celles de M. Le Cat, à Rouen ; un troisième, à Rennes, sur la machine du président de Robin ; un quatrième, à Naples, appartenant à M. Sabatelli. Nollet ajoute qu'un globe d'Angleterre avait eu le même sort entre ses propres mains, à Paris.

Admettant que la rupture des globes pouvait être occasionnée par la dilatation que l'air contenu dans leur intérieur éprouve par suite de la chaleur développée par le frottement, on avait cru s'en garantir en perçant un trou dans le globe ; mais l'expérience démontra l'inutilité de cette précaution. Sigaud de Lafond rapporte dans son ouvrage, qu'en 1761, il éprouva un accident de ce genre :

« Je faisais tourner, dit-il, un globe bien conditionné, bien monté, percé vers un de ses pôles, et qui me servait depuis plusieurs années. À peine eut-il fait cinq ou six tours, qu'il éclata avec la plus grande violence et que les débris s'en répandirent à une très-grande distance dans ma salle[19].

Ce genre d'accidents fut pour beaucoup dans la préférence que l'on accorda en France, à partir de l'année 1768, aux machines électriques dans lesquelles un plateau remplaçait le globe de verre ; car, si les glaces peuvent se fendre pendant qu'elles se chargent d'électricité, elles ne détonent point et l'on n'a pas à en redouter les éclats.

La première machine qui fut construite en Angleterre, par Ramsden, était faite d'un plan de glace, d'un pied seulement de diamètre, qui tournait entre quatre coussinets, à l'aide d'une manivelle appliquée à son axe. On augmenta beaucoup les effets de ces machines en employant des glaces d'un plus grand diamètre.

Sigaud de Lafond, dans l'ouvrage cité plus haut, donne la description d'une machine de Ramsden qui avait été construite en Angleterre pour le duc de Chaulnes, et dont la glace avait cinq pieds de diamètre. Cette machine fournissait des étincelles qui, au rapport du duc de Chaulnes, se portaient jusqu'à vingt-deux pouces de distance.

Sigaud de Lafond donne, dans le même ouvrage, la figure d'une autre machine électrique à plateau de glace, qu'il fit construire pour lui-même, à l'imitation de celle du duc de Chaulnes.

Nous représentons ici (figure 234) cette dernière *machine de Ramsden*, d'après le dessin qu'en a donné Sigaud de Lafond, dans son *Précis des phénomènes électriques*.

BBD est le conducteur, isolé par les supports S, S. Au moyen de la manivelle M, on fait tourner le plateau de verre F entre les quatres coussins C.

À partir de l'année 1770, les machines à plateau de glace devinrent d'un usage général. Elles remplacèrent les appareils variés, et souvent fort coûteux, dont on avait fait usage jusqu'à cette époque, en Angleterre et en Allemagne.

Une des machines électriques qui ont fait le plus de bruit est celle de Van Marum, physicien hollandais. Cette machine peut donner, à volonté, l'une ou l'autre des deux espèces d'électricité.

Fig. 234. — Machine électrique de Ramsden (1768).

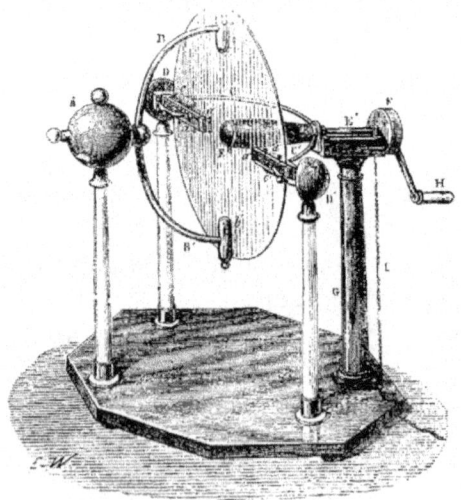

Fig. 235. — Machine électrique de Van Marum (1780).

Louis Figuier

Elle se compose (fig. 235) d'un plateau circulaire de verre, dont l'axe de rotation est soutenu par une colonne isolante, et qui tourne entre quatre coussins, *a, c, a', c'* disposés aux extrémités de son diamètre horizontal, et isolés sur des pieds de verre. On peut, ou maintenir cet isolement, ou le supprimer, au moyen d'un arc métallique *cc'* qui est en communication avec le sol. Cet arc peut se placer verticalement ou horizontalement, ainsi que le montre la figure 235. De l'autre côté du plateau se trouve une boule de cuivre A, également isolée, qui porte un arc BB' pareil au premier. Cet arc conducteur peut, comme l'autre, être placé dans une position horizontale ou verticale. Les deux arcs sont terminés par des boutons cylindriques *cc, bb* parallèles au plateau de verre.

Cette machine fonctionne de deux manières. Si d'abord l'arc CC' est disposé verticalement, et l'arc BB' horizontalement, ce dernier touche les coussins, qui s'électrisent négativement et cèdent leur fluide à la boule A, pendant que l'électricité positive du plateau rentre dans le sol, par l'intermédiaire de l'arc vertical CC'. Si, au contraire, l'arc CC' est dans une position horizontale, dans laquelle il touche les coussins (ainsi que cela se voit dans la fig. 235) les coussins communiquent avec le sol et perdent toute leur électricité négative. En même temps, le conducteur BB' placé verticalement, se charge de fluide positif, comme dans la machine ordinaire, parce que le plateau de verre agit sur lui par influence, et soutire son fluide négatif.

Van Marum, dont cette machine porte le nom, inventa aussi des coussins d'une composition particulière, qui donnent aux machines une tension très-grande.

La description de la machine de Van Marum, qui fut perfectionnée par d'autres physiciens, est contenue dans un ouvrage curieux, écrit mi-partie en français, mi-partie en hollandais, qui parut à Harlem, en 1785[20].

C'est vers la même époque que le physicien anglais Nairne, imitant l'appareil déjà employé par Tibère Cavallo à Londres, construisit la machine électrique qui porte son nom, et qui donne à volonté du fluide électrique négatif ou positif, selon que l'on fait communiquer avec le sol l'un ou l'autre de ses deux conducteurs.

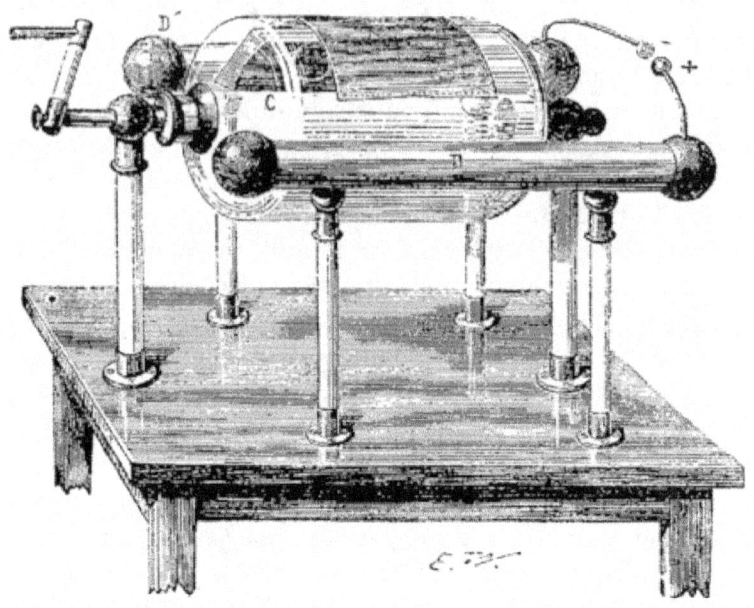

Fig. 236. — Machine électrique de Nairne (1782).

La *machine de Nairne*, ou *machine à deux fluides*, que l'on voit représentée ici (fig. 236) se compose d'un cylindre creux de verre C, de grande dimension, qui peut frotter contre un large coussin, fixé au conducteur D′, et qui en occupe toute la longueur. Le conducteur D est armé de plusieurs pointes métalliques, dirigées contre le cylindre de verre, et perpendiculaires à sa surface. Quand on fait tourner le cylindre de verre, au moyen de la manivelle, le frottement de ce cylindre contre le coussin, provoque un dégagement d'électricité, c'est-à-dire la décomposition du fluide neutre du verre. L'électricité positive reste sur le cylindre de verre, et l'électricité négative passe sur le coussin et sur le conducteur isolé D′, qui est fixé sur ce coussin. Le cylindre de verre chargé d'électricité positive, agit, par influence, sur le fluide neutre du conducteur D, attire l'électricité négative vers les pointes et repousse l'électricité positive sur la face opposée. L'électricité négative accumulée sur ces pointes vient, en traversant l'air interposé, neutraliser le fluide positif qui existe sur le cylindre de verre, et reconstitue ainsi du fluide neutre. Quant à l'électricité positive, elle reste confinée sur le conducteur D, qui constitue de cette manière un réservoir d'électricité positive.

Si l'on fait communiquer avec le sol, au moyen d'une chaîne métallique, le conducteur D' et le coussin, l'électricité négative s'écoule dans le sol et l'électricité positive reste accumulée sur le conducteur D : la machine fournit alors de l'électricité positive. Si l'on fait au contraire communiquer avec le sol le conducteur D, en maintenant isolés le coussinet le conducteur D', l'électricité positive s'écoule dans le sol et l'électricité négative reste accumulée sur le conducteur D', et la machine donne alors de l'électricité négative. La machine de Nairne, permet donc de conserver à volonté l'une des deux électricités développées par le frottement.

Le cylindre de verre est ordinairement recouvert, dans cette machine, d'une pièce de taffetas, qui enveloppe la moitié supérieure de ce cylindre, et a pour effet de le protéger contre l'action de l'air et d'empêcher ainsi, la déperdition trop prompte de l'électricité.

L'appareil que nous venons de décrire, fut proposé et construit pour la première fois, dans le but de servir à administrer l'électricité comme agent curatif dans le traitement des maladies[21]. Il n'est devenu que plus tard, un appareil de démonstration pour les cours de physique.

La machine électrique dont on fait généralement usage aujourd'hui, n'est autre chose que la *machine de Ramsden*, à laquelle on n'a apporté qu'un petit nombre de changements.

La figure 237 représente la machine électrique actuelle, qui ne diffère, on le voit, de l'appareil primitif de l'opticien anglais, qu'en ce qu'elle se compose de deux conducteurs isolés, au lieu d'un seul.

Le plateau de verre P frotte entre les deux coussins C, C' ; et l'électricité positive du plateau de verre agit par influence sur le fluide naturel des deux conducteurs D, D'. Ce fluide naturel est décomposé, l'électricité négative est attirée vers les pointes dont est armée l'extrémité S, S', de ces conducteurs. S'écoulant par ces pointes sous forme de petites aigrettes lumineuses, cette électricité négative vient se combiner avec l'électricité positive du plateau et ramener celui-ci à l'état naturel. Comme le frottement du plateau contre les coussins continue à développer de l'électricité positive sur ce plateau, les mêmes décompositions continuent, et la charge de l'électricité positive à la surface des conducteurs D et D′ augmente de plus en plus. R, est un *électroscope à cadran* ; l'écartement du petit corps placé à l'extrémité de la tige de cet électroscope indique les variations d'intensité de la charge électrique de la machine.

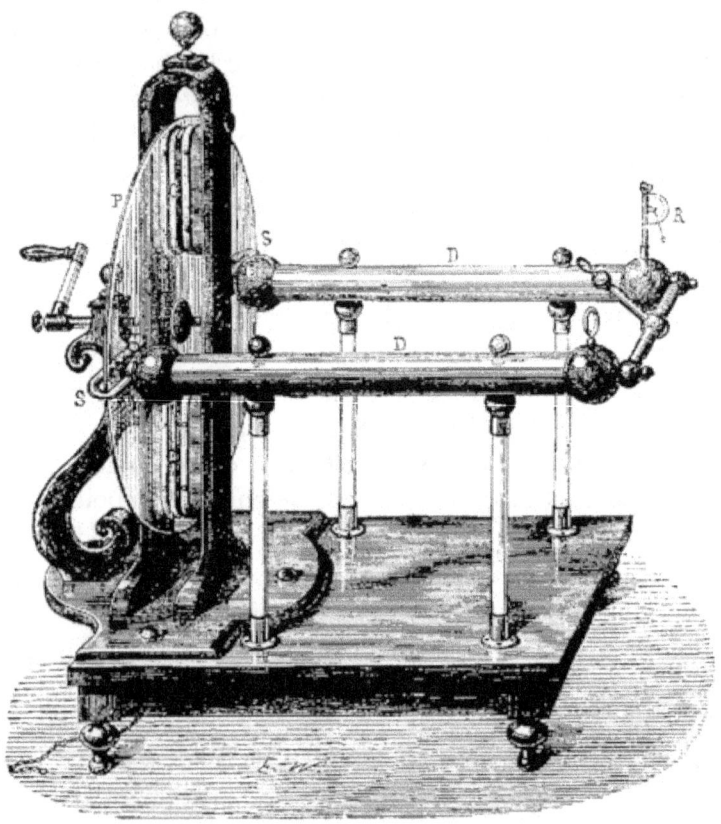

Fig. 237. — Machine électrique moderne.

Les appareils à plateau ou à cylindre de verre, que nous venons de décrire, n'ont été employés qu'après l'année 1770, lorsque l'opticien Ramsden eut le premier adopté les plateaux de verre dans la construction des machines à frottement. Bien avant que ces derniers appareils fussent construits, c'est-à-dire vers l'année 1740, les physiciens allemands s'étaient efforcés de donner aux machines à globe de verre, alors en usage, des dispositions permettant d'augmenter l'intensité des effets électriques. Watson, en 1740, avait employé dans ce but, une machine assez curieuse, en ce qu'elle était composée de quatre globes de verre tournant à la fois.

Avec ces machines électriques composées de simples globes de verre, les physiciens anglais et allemands avaient déjà obtenu de très-puissants effets. L'étincelle donnée par ces machines suffisait pour déterminer à l'extrémité du doigt, une ecchymose, ou une espèce de brûlure. Gordon augmenta la force de ces étincelles au point qu'un homme ressentait la commotion de la tête aux pieds, et que de petits oiseaux en furent tués.

Les physiciens allemands observèrent que l'eau coulant d'une fontaine électrisée, se disperse en gouttes lumineuses de manière à simuler une pluie de feu. Bozé parvint à faire passer l'électricité, au moyen d'un jet d'eau, d'un homme à un autre, placés tous deux sur des gâteaux de résine, à soixante pas de distance.

Nous devons encore aux physiciens allemands le spectacle de ces étoiles brillantes que fait naître l'électricité dans un disque métallique animé d'un mouvement de rotation très-rapide, et muni de pointes également distantes du centre. Un instrument généralement connu sous le nom de *carillon électrique* est aussi de l'invention des expérimentateurs d'outre-Rhin.

Mais de tous les phénomènes qui furent découverts à cette époque, celui qui inspira le plus de curiosité et frappa le plus vivement l'attention, ce fut l'inflammation, par l'étincelle électrique, des matières combustibles.

Le premier physicien qui réussit dans une expérience de ce genre fut le docteur Ludolf de Berlin, qui alluma de l'éther avec les étincelles excitées par l'approche d'un tube de verre électrisé. Ludolf fit cette expérience en public, dans la séance de rentrée de l'Académie de Berlin, au commencement de l'année 1744.

Au mois de mai suivant, Winckler, à Leipzig, obtint le même résultat. En tirant avec le doigt, une étincelle, il alluma non-seulement de l'éther, mais encore de l'eau-de-vie, de l'esprit de corne de cerf, et quelques autres liqueurs spiritueuses, en ayant la précaution de les chauffer légèrement pour en dégager des vapeurs, qu'il était plus facile d'enflammer.

Watson, en Angleterre, répéta et étendit ces expériences. Il alluma outre l'eau-de-vie, plus ou moins concentrée, divers liquides spiritueux contenant des huiles volatiles, tels que l'*esprit de lavande*, l'*esprit de nitre dulcifié* (éther nitreux), l'*eau de pivoine*, l'*élixir de Dafty*, le *styptique d'Helvétius*, et diverses huiles volatiles, telles que les essences de térébenthine, de citron, d'orange, de genièvre, de sassafras, etc. Il mit aussi le feu à des matières telles que le baume de copahu et la térébenthine, qui, chauffées, dégagent des vapeurs inflammables[22].

Watson, dans son mémoire relatif à ces expériences, a donné le dessin de la machine qui lui servit à enflammer les liqueurs spiritueuses. Elle se composait de trois ou quatre globes de verre, que l'on frottait simultanément, au moyen de petits coussins fixes. Un amas de fil servait à communiquer l'électricité développée sur le verre, à un tube de fer-blanc, ou à une épée suspendue à des cordons de soie, qui servaient de conducteurs isolés.

On plaçait les liquides à enflammer dans un flacon qui était suspendu au conducteur de fer-blanc par un fil de fer. D'autres fois, pour étaler ces liquides sur une plus large surface au contact de l'air, on les plaçait dans une petite capsule métallique que l'on posait à la pointe de l'épée terminant le conducteur de la machine.

La machine électrique destinée à enflammer les produits peu combustibles était, comme nous venons de le dire, composée de trois ou quatre globes de verre. On la voit représentée ici (fig. 239). Les coussins sont les petites calottes appliquées contre le verre.

Quand on voulait enflammer des liquides plus combustibles, tels que l'éther ou l'esprit-de-vin très-rectifié, on se contentait d'une machine ordinaire à un seul globe. Watson, dans l'ouvrage cité plus haut, a représenté l'appareil dont il se servait pour cette expérience. On voit ce dessin reproduit dans la figure 238.

L'un des personnages tourne la manivelle qui imprime au globe de verre un mouvement de rotation. Un autre personnage présente la main au globe pour déterminer, par le frottement, le dégagement de l'électricité. Le fluide électrique passe du globe de verre au canon de fusil ou à la barre de fer qui sert de conducteur, et qui est porté sur deux fils de soie tendus sur deux supports. Ce conducteur est saisi par un troisième opérateur, qui, placé sur un gâteau de résine servant à l'isoler, tient de la main droite une épée. Le fluide électrique arrive à l'extrémité de l'épée : à peine a-t-on approché de sa pointe une cuiller pleine d'esprit-de-vin, que l'étincelle jaillit, et met le feu au liquide.

Fig. 239. — Machine électrique employée par Watson pour enflammer les substances spiritueuses.

C'est aussi à Watson qu'est due une expérience connue sous le nom de *danse des pantins*, qui devint célèbre plus tard lorsque Volta l'eut prise comme point de comparaison dans l'explication théorique qu'il donna de la formation de la grêle.

Watson a donné dans le même mémoire la figure suivante (fig. 240), représentant la manière de produire ce phénomène.

Fig. 238. — inflammation de l'esprit de vin par une étincelle
électrique.

Une personne isolée au moyen d'un gâteau de résine, sur lequel elle est placée, saisit de la main gauche le conducteur de fer-blanc d'une machine électrique à globe de verre tournant. De la main droite, elle tient un plat ou une simple plaque métallique sur lequel on a placé des corps légers, tels que des fragments de verre pilé, de petites balles de sureau, du fil de fer très-mince, etc. Un second personnage, non isolé, approche peu à peu du plat métallique que tient le premier, un autre plat semblable. Lorsque les deux plats sont arrivés à une assez faible distance, les corps légers attirés s'élancent du plat inférieur vers le plat supérieur, avec émission d'étincelles. Une fois en contact avec le plat supérieur, ils perdent leur électricité, qui s'écoule dans le sol par le corps du personnage qui tient le plat. Dès lors, n'étant plus retenus sur ce plat supérieur, par l'attraction électrique, ils retombent sur le plat inférieur, où, recevant de nouveau de l'électricité par la machine, ils sont de nouveau attirés, de telle manière que cette succession de mouvements continue tant que la machine est en action[23].

Fig. 240. — Danse des pantins.

Les expériences que nous venons de rapporter étaient sans doute attrayantes et curieuses, elles attiraient vivement l'attention du public et celle des physiciens de cette époque. Mais tous ces spectacles n'avaient guère qu'un intérêt de curiosité. La théorie pour l'explication des phénomènes électriques n'en recevait aucun éclaircissement, et si l'on en excepte le grand principe établi par Dufay, la science n'avait encore rencontré dans cette direction aucune acquisition importante. Quelques essais, pour la construction des machines électriques, quelques remarques sur les propriétés calorifiques et lumineuses de l'étincelle électrique, quelques observations sur les circonstances les plus favorables au développement de l'électricité, voilà tout ce que cette science avait acquis depuis son origine jusqu'à l'année 1746. Les physiciens ne se méprenaient point d'ailleurs sur cet état d'imperfection de la science encore à ses débuts. C'est ce que Watson exprimait à cette époque par ces belles paroles :

« Si l'on me demande quelle peut être l'utilité des effets électriques, je ne puis répondre autre chose, sinon que, jusqu'à présent, nous ne sommes pas encore avancés dans nos découvertes au point de pouvoir les rendre utiles au genre humain. Dans quelque partie que ce soit de la physique, on ne parvient à la perfection que par des gradations bien lentes. C'est à nous d'aller toujours en avant et de laisser le reste à cette Providence qui n'a rien créé en vain[24]. »

Mais l'année 1746 approchait, et grâce à la découverte de la *bouteille de Leyde*, des horizons tout nouveaux devaient s'ouvrir pour la science électrique.

CHAPITRE IV

EXPÉRIENCE DE MUSSCHENBROEK À LEYDE. — ALLAMAN. — WINCKLER. — NOLLET RÉPÈTE À PARIS L'EXPÉRIENCE DE LEYDE. — COMMOTION ÉLECTRIQUE DONNÉE À VERSAILLES, EN PRÉSENCE DU ROI, À UNE COMPAGNIE DES GARDES FRANÇAISES. — RÉPÉTITION DE CETTE EXPÉRIENCE AU COUVENT DES CHARTREUX. — POPULARITÉ DE LA BOUTEILLE DE LEYDE. — LA BOUTEILLE D'INGENHOUSZ ET LA CANNE À SURPRISES. — LA BOUTEILLE DE LEYDE AU COLLEGE D'HARCOURT.

Les physiciens du dernier siècle n'ont pas été unanimes pour attribuer à Musschenbroek le mérite d'avoir exécuté le premier l'*expérience de Leyde*. On a dit tour à tour que Cuneus, riche bourgeois de Leyde et amateur des sciences, Allaman, physicien de la même ville, Kleist, chanoine de la cathédrale de Commin, auraient exécuté les premiers cette expérience mémorable. On l'a encore revendiquée en faveur du père de Musschenbroek, médecin d'Amsterdam, qui l'aurait communiquée et dont il aurait bien voulu abandonner l'honneur à son fils, le professeur de Leyde. Mais toutes ces divergences disparaissent devant le récit circonstancié donné de cette découverte par Priestley, contemporain de ces divers savants[25]. Il résulte de son récit que, lorsque Musschenbroek observa, par l'effet du hasard, ce fait extraordinaire, il était entouré de diverses personnes qui prenaient part ou assistaient à ses expériences. Parmi elles se trouvaient sans doute Cuneus et Allaman, qui furent d'après cela simples spectateurs, et non les véritables auteurs de l'expérience.

Fig. 241. — Musschenbroek.

Quoi qu'il en soit, voici par quelles circonstances on fut conduit à la découverte de la *bouteille de Leyde*. Considérant que les corps électrisés, quand ils sont exposés librement à l'air, y perdent promptement leur état électrique, par suite de la conductibilité de l'air, Musschenbroek pensa que si un corps électrisé était entouré de tous côtés par des corps non conducteurs, il pourrait recevoir une plus grande quantité d'électricité et la conserver plus longtemps. Le verre étant le corps non conducteur, et l'eau le corps électrique le plus convenable pour cet effet, Musschenbroek et ses amis essayèrent d'électriser de l'eau contenue dans un vase de verre. On n'observa d'abord rien de remarquable dans cette expérience ; quand on jugea l'eau suffisamment électrisée, on se disposa à retirer le vase de verre qui communiquait avec le conducteur de la machine électrique au moyen d'un fil de fer plongeant dans l'eau. Mais au moment où l'un des opérateurs, tenant d'une main le vase de verre, vint à approcher l'autre main du conducteur, afin de le séparer de la machine, il se sentit aussitôt frappé d'un coup terrible à la poitrine et sur les bras (fig. 242).

Fig. 242. — Expérience faite à Leyde, par Musschenbroek, le 20 avril 1746.

Il est curieux de lire, dans les récits qui ont été donnés de cette expérience, la description des effets que produisit la commotion électrique sur les personnes qui furent les premières à l'éprouver. Sans nul doute, la surprise et l'émotion ajoutèrent beaucoup aux impressions ressenties dans cette circonstance par les premiers expérimentateurs, car les personnes qui se soumirent après eux à la même épreuve furent loin de ressentir les mêmes effets. Musschenbroek, qui fit le premier cette expérience avec un vase de verre de médiocre capacité, et qui n'avait pu accumuler par conséquent de grandes proportions de fluide, ressentit une si terrible impression, qu'il se crut mort ; il déclara qu'il ne s'exposerait pas une seconde fois au même choc quand on lui offrirait la couronne de France.

Le physicien de Leyde a donné les détails de cette expérience célèbre, dans une lettre qu'il adressa à Réaumur, le 20 avril 1746, et dont voici le contenu, traduit du latin :

« Je veux vous communiquer, écrit Musschenbroek, une expérience nouvelle, mais terrible, que je vous conseille de ne point tenter vous-même.

« Je faisais quelques recherches sur la force de l'électricité. Pour cet effet, j'avais suspendu à deux fils de soie bleue un canon de fer qui recevait par communication l'électricité d'un globe de verre que l'on faisait tourner rapidement sur son axe pendant qu'on le frottait en y appliquant les mains ; à l'autre extrémité pendait librement un fil de laiton dont le bout était plongé dans un vase de verre rond, en partie plein d'eau, que je tenais dans ma main droite, et avec l'autre main j'essayais de tirer des étincelles du canon de fer électrisé. Tout d'un coup ma main droite fut frappée avec tant de violence, que j'eus tout le corps ébranlé comme d'un coup de foudre ; le vaisseau, quoique fait d'un verre mince, ne se casse point ordinairement, et la main n'est point déplacée par cette commotion ; mais le bras et tout le corps sont affectés d'une manière terrible que je ne puis exprimer, en un mot, je croyais que c'était fait de moi. Mais voici des choses bien singulières : quand on fait cette expérience avec un verre d'Angleterre, l'effet est nul ou presque nul ; il faut que le verre soit d'Allemagne, il ne suffirait pas même qu'il fût de Hollande ; il est égal qu'il soit arrondi en forme de sphère ou de toute autre figure ; on peut employer un gobelet ordinaire, grand ou petit, épais ou mince, profond ou non ; mais ce qui est absolument nécessaire, c'est que ce soit du verre d'Allemagne ou de Bohême : celui qui m'a pensé donner la mort était d'un verre blanc et mince, et de cinq pouces de diamètre. La personne qui fait l'expérience peut être placée simplement sur le plancher ; mais il faut que ce soit la même qui tienne d'une main le vase, et qui, de l'autre main, excite l'étincelle ; l'effet est bien peu considérable si cela se fait par deux personnes séparées. Si l'on place le vase sur un support de métal porté sur une table de bois, en touchant ce métal seulement du bout du doigt et tirant l'étincelle avec l'autre main, on ressent un très-grand coup[26]. »

Allaman, qui avait assisté à l'expérience de Musschenbroek, ayant voulu la répéter, ressentit une impression tout aussi forte, bien qu'il ne se fût servi que d'un verre à bière rempli d'eau, vase d'une capacité nécessairement médiocre. En communiquant ce résultat à l'abbé Nollet : « Vous ressentirez, lui dit-il, un coup prodigieux, qui frappera tout votre bras, et même tout votre corps : c'est un coup de foudre. La première fois que j'en fis l'épreuve, j'en fus étourdi au point que je perdis pour quelques moments la respiration[27]. »

Ces récits sont encore dépassés par celui que donna le professeur Winckler des sensations qu'il éprouva en répétant cette expérience. Winckler assure que, lorsqu'il se soumit pour la première fois à la commotion électrique, il fut pris de convulsions dans tout le corps. Il se sentait la tête aussi pesante que s'il eût porté une pierre dessus, et il eut le sang tellement agité, qu'il craignit d'être attaqué d'une fièvre chaude. Il ajoute qu'il se crut obligé, pour la prévenir, « d'avoir recours à des remèdes rafraîchissants. »

Il paraîtra surprenant sans doute, qu'après avoir été tant maltraité, notre électricien ait eu le courage de revenir à la charge, et de s'exposer de nouveau à une si rude secousse. Mais où n'entraîne pas l'insatiable curiosité du savant ? Winckler répéta encore ce périlleux essai, qui lui occasionna deux fois une hémorrhagie nasale.

La femme du professeur, qui, sans doute, avait reçu tout à la fois en partage et la curiosité de son sexe et le courage du nôtre, voulut aussi s'exposer au choc électrique. Elle en fut si violemment frappée, qu'elle demeura huit jours ayant à peine la force de se mouvoir. Au bout de ce temps, la curiosité l'emportant sur la crainte, elle brava un deuxième choc, qui ne lui occasionna cette fois qu'un saignement de nez, touchante identité de symptômes avec ceux que venait d'éprouver son docte époux.

À peine les physiciens de Paris furent-ils instruits de l'étonnant phénomène qui venait de se révéler en Allemagne, qu'ils se mirent en devoir de le reproduire. L'abbé Nollet répéta le premier l'expérience de Leyde.

Une seule circonstance arrêtait l'impatience de ce physicien.

Comme on l'a vu dans sa lettre rapportée plus haut, Musschenbroek, en décrivant son expérience, recommandait expressément d'employer une bouteille de verre d'Allemagne, et non d'ailleurs. Or, il n'était pas facile de se procurer à Paris, du jour au lendemain, du verre d'Allemagne. Celui de Hollande même, était proscrit par Musschenbroek, En désespoir de cause, Nollet se décida à essayer l'expérience avec du verre ordinaire de France, c'est-à-dire avec un simple flacon de son laboratoire. Toutefois, d'après l'assertion de Musschenbroek, il comptait peu sur le résultat, et il n'opérait que par manière d'acquit.

Le vase dont il faisait si peu de cas le servit, on peut le dire, fort au delà de ses désirs, si bien que notre expérimentateur eût peut-être souhaité que le verre de France fût un peu moins propre à l'expérience de Leyde. Il éprouva, en effet, un terrible choc.

« Je ressentis, nous dit-il, jusque dans la poitrine et dans les entrailles une commotion qui me fit involontairement plier le corps et ouvrir la bouche, comme il arrive dans les accidents où la respiration est coupée ; le doigt index de ma main droite, qui tirait l'étincelle, reçut un choc ou une piqûre très-violente ; mon bras gauche fut secoué et repoussé de haut en bas, au point de me faire quitter le vase à demi plein d'eau que je tenais[28]. »

D'où provenait donc l'erreur de Musschenbroek, sur la qualité de verre qui convenait à son expérience ? Tout simplement de ce qu'il avait opéré avec un vase d'Allemagne bien sec, tandis que les vases de France dont il s'était servi pour reproduire l'expérience, étaient humides à l'extérieur. La présence de l'eau sur la paroi externe des vases de verre, était, comme on le reconnut plus tard, un obstacle à la réalisation du phénomène.

Quand le résultat de l'expérience de Nollet fut connu dans la capitale, il y excita un intérêt et une curiosité extraordinaires. On se rendit en foule chez le complaisant physicien du collège de Navarre. Des personnes de tout sexe et de tout rang imploraient la faveur d'être soumises à la commotion électrique. Les terreurs que les premiers électriciens avaient éprouvées au sujet de cette expérience, étaient alors singulièrement oubliées. On tournait en ridicule les frayeurs de Musschenbroek, et l'on opposait à la pusillanimité du physicien de Leyde, les nobles et courageux sentiments du professeur Boze, de Wittemberg, qui avait dit avec un héroïsme philosophique : « Je ne regretterais point de mourir d'une commotion électrique, puisque le récit de ma mort fournirait le sujet d'un article aux *Mémoires de l'Académie royale des sciences de Paris*. »

Comme le nombre des personnes empressées de recevoir la commotion de la bouteille de Leyde, augmentait tous les jours, et qu'on ne pouvait suffire à satisfaire les désirs de tant d'amateurs empressés, l'abbé Nollet eut l'idée de faire ressentir le choc électrique à un grand nombre d'individus à la fois. Il disposa donc en une chaîne continue, un certain nombre de personnes, se tenant chacune par la main, et pouvant, de cette manière, recevoir successivement la décharge de la bouteille électrisée.

Après avoir préludé par des essais convenables à cette singulière expérience, Nollet l'exécuta solennellement à Versailles, devant le roi et la cour.

Une compagnie des gardes-françaises, formée de deux cent quarante soldats, qui se tenaient par la main, fut rangée dans la cour du château : l'abbé Nollet se plaça à l'un des bouts de la chaîne : l'un des soldats, à l'autre bout, tenait à la main la bouteille pleine d'eau électrisée. Quand l'abbé vint à toucher de sa main le fil de fer plongeant dans la bouteille, et à établir de cette manière la communication entre les surfaces interne et externe du vase, aussitôt la commotion se fit sentir dans toute l'étendue de la chaîne. Toute la compagnie des gardes-françaises tressaillit et sauta en même temps.

Quelques jours après, l'abbé Nollet répéta l'expérience dans le couvent des Chartreux. Il fit ranger toute la communauté en une chaîne, qui occupait une étendue de 900 toises, car chacun des acteurs de cette nouvelle scène communiquait avec son voisin au moyen d'un fil de fer d'une certaine longueur tenu dans la main. Dès que le courant fut établi, la commotion électrique fut ressentie au même instant par tous les membres de la respectable congrégation, qui n'avaient peut-être pas l'habitude d'une telle unanimité d'impression.

Poursuivant ensuite les mêmes expériences *in animâ vili*, l'abbé Nollet frappa de la charge électrique des oiseaux et des poissons.

Les poissons furent tués dans l'élément liquide. Un moineau et un bruant, les premiers oiseaux qui aient reçu la commotion électrique, furent étourdis au premier coup. À une seconde décharge, le moineau périt, le bruant résista. Quand on examina le corps du moineau, on crut remarquer que toutes les veines du petit cadavre étaient crevées. Le fait ne parut pas néanmoins établi d'une manière suffisante, et il s'éleva parmi les anatomistes et les physiciens de longues discussions sur ces veines de l'oiseau crevées ou intactes ; on discuta toute une semaine sur ce grand sujet. Époque heureuse et naïve où la science préoccupait assez les esprits, pour faire disserter pendant huit jours sur l'état des veines d'un moineau[29] !

L'intérêt et la curiosité qu'excitait à Paris l'expérience de la commotion électrique, se propagèrent bientôt dans l'Europe entière. Ce divertissement d'un nouveau genre resta à la mode un grand nombre d'années. Pendant que les savants colportaient dans les salons la bouteille de Leyde, les bateleurs la promenaient dans les rues. Des physiciens improvisés allaient, de ville en ville, montrer le spectacle de ce singulier phénomène.

On avait simplifié, pour le rendre portatif, l'appareil qui servait à exécuter l'expérience. On vendait, sous le nom de *bouteille d'Ingenhousz*, un instrument qui réunissait tout à la fois la bouteille de Leyde et la machine électrique nécessaire pour la charger. Réduite à de petites dimensions, la bouteille se renfermait dans un étui. Quant à la machine électrique, elle se composait tout simplement d'un morceau de peau de lièvre et d'un ruban de soie, recouvert d'un vernis résineux. En frottant le ruban de taffetas verni, avec la peau de lièvre, on y développait de l'électricité. Promenant ensuite le bouton métallique sur la garniture intérieure de la bouteille, on chargeait cette dernière d'une quantité de fluide électrique suffisante pour exciter une commotion.

On vendait aussi sous le nom de *canne électrique*, un véritable instrument à surprises. C'était un tube de verre, rempli à l'intérieur d'une substance conductrice de l'électricité, et enveloppé presque jusqu'à son extrémité supérieure, d'un tube de fer-blanc. Le tout était peint, au dehors, d'une couleur de bois, de manière à simuler une canne ordinaire. Après avoir électrisé, au moyen du ruban et de la peau de lièvre, cette bouteille de Leyde dissimulée, on l'offrait à la personne à laquelle on voulait occasionner la surprise. Quand cette personne, sans défiance, saisissait la canne, par la pomme qu'on lui présentait, sa main, se trouvant à la fois en contact avec le tube de verre extérieur et la garniture métallique intérieure, réunissait les deux surfaces interne et externe de l'instrument, et elle recevait ainsi, à l'improviste, la commotion électrique. C'était une variante scientifique de la *manière de s'amuser en société sans se fâcher.*

Pendant cette diffusion banale des nouvelles découvertes de la physique, bien des accidents singuliers durent être observés, et il est à regretter que les mémoires du temps n'en aient pas retenu un plus ample souvenir. Parmi les événements bizarres auxquels donnèrent lieu les expériences faites dans le public avec la bouteille de Leyde, on nous permettra de citer le suivant, bien que d'une époque un peu postérieure à l'année 1747, à laquelle se rapporte ce qui précède. C'est le physicien Sigaud de Lafond qui le raconte, dans son ouvrage sur l'électricité.

Sigaud de Lafond était professeur au collège d'Harcourt, à Paris, aujourd'hui lycée Saint-Louis. En répétant l'expérience de la chaîne électrique, sur les élèves de sa classe, composée de soixante jeunes gens, il remarqua que, bien que la bouteille fût assez fortement électrisée, la commotion ne se fit sentir que jusqu'à une demi-douzaine de personnes. Il rechargea la bouteille et répéta de nouveau l'expérience, mais le résultat fut encore le même : l'électricité s'arrêtait toujours à la sixième personne du côté de celui qui tirait l'étincelle. Tout le monde s'en prit alors au jeune homme placé à ce rang de la chaîne, et qui semblait mettre obstacle à la propagation du fluide. On l'accusa d'être la cause de l'insuccès de l'expérience. On soupçonnait ce jeune élève, nous dit Sigaud de Lafond, « de n'être pas pourvu de tout ce qui constitue le caractère distinctif de l'homme. » Il se fit à ce sujet un si grand tumulte, que force fut d'abandonner l'expérience et de renvoyer les jeunes gens dans leurs salles.

Quelques jours après, Sigaud de Lafond, dans le cours de physique qu'il faisait publiquement à Paris, se hasarda à mettre en avant cette hypothèse, que l'électricité n'a aucune action sur les personnes que la nature a maléficiées dans le sens du jeune homme dont il vient d'être question. Sigaud de Lafond, à ce qu'il nous assure, énonçait cette idée, non comme un fait réel, mais comme un simple soupçon à vérifier. Toutefois, ce bruit se répandit bientôt dans Paris, et la renommée, qui ne sait pas tenir compte des réserves des savants, publia partout la curieuse remarque de notre physicien. Il se trouva alors des gens bien informés, qui prétendirent, à l'appui de cette observation, que le même fait avait été constaté sur un célèbre chanteur italien, dont l'état n'était point équivoque, et que la nature dédommageait, par une voix ravissante, du triste état où l'art l'avait réduit.

Le duc de Chartres (depuis duc d'Orléans), informé de ces rumeurs, résolut de s'assurer du fait par lui-même. Il se rend aussitôt chez Sigaud de Lafond, et lui témoigne son désir de voir procéder sans retard, à une expérience décisive sous ce rapport. Le physicien essaya en vain de résister au vœu du prince. Il dut se rendre sur-le-champ, muni de ses appareils, au Palais-Royal, où il trouva plusieurs savants que l'on avait invités dès la veille à être témoins de l'expérience. Trois musiciens de la chapelle du roi, dont la situation physique était connue, devaient être les sujets de cette épreuve d'un nouveau genre.

On forma donc une chaîne, composée de vingt personnes : le duc de Chartres en tête d'un côté, et de l'autre le physicien. Mais les trois sujets n'interceptèrent aucunement le passage du fluide, ni la commotion électrique. Ils parurent même plus sensibles à son impression que les autres personnes qui l'éprouvèrent avec eux. Cet excès de sensibilité provenait sans doute de la surprise que dut occasionner à nos trois virtuoses une commotion qu'ils n'avaient jamais ressentie, car ils étaient restés jusque-là sans aucune idée de l'électricité.

Une expérience aussi concluante semblait devoir terminer cette singulière discussion. Mais il se trouva de grands raisonneurs qui prétendirent qu'il fallait poser une distinction entre les personnes mutilées par l'art, et celles envers lesquelles la nature seule s'était montrée marâtre ; de sorte que, les premières pouvant demeurer sensibles à l'électricité, il était bien possible que les secondes fussent impropres à éprouver son action. Comme il était difficile de se procurer un sujet qui se trouvât positivement dans le cas exigé, et qui voulût se prêter à l'expérience, la discussion reprit de plus belle sur ce thème engageant.

CHAPITRE IV

Ce ne fut qu'au bout de six mois que tout finit par s'expliquer. Sigaud de la Fond reconnut, un peu tard sans doute, mais enfin il reconnut, que, dans la partie de la cour du collége où l'expérience avait été faite, et à la place même qu'avait occupée le jeune homme suspecté, l'humidité du sol était considérable, et avait suffi pour détourner le courant électrique. En effet, la même expérience, répétée en cet endroit, échouait toujours, quelle que fût la personne occupant cette place ; la commotion se faisait au contraire parfaitement sentir quand on faisait monter les élèves sur les bancs.

Ainsi tout fut expliqué, justice fut rendue à l'élève incriminé, et en attendant qu'ils fussent proclamés égaux devant la loi, tous les hommes furent reconnus égaux devant l'électricité.

CHAPITRE V

EXPÉRIENCES POUR MONTRER LA VITESSE DE TRANSPORT DE L'ÉLECTRICITÉ ET DE LA COMMOTION ÉLECTRIQUE. — ESSAIS DE LEMONNIER EN FRANCE. — EXPÉRIENCES DES PHYSICIENS ANGLAIS MARTIN FOLCKES, CAVENDISH ET BEVIS. — MODIFICATIONS APPORTÉES À LA BOUTEILLE DE LEYDE. — EXPÉRIENCES DIVERSES DE L'ABBÉ NOLLET. — BEVIS CHANGE LA DISPOSITION DE CET APPAREIL ET LUI DONNE SA FORME ACTUELLE.

Reprenons la suite des expériences qui furent exécutées en France, en 1746, avec la bouteille de Leyde. L'instantanéité de la commotion, et par conséquent l'étonnante vitesse de l'électricité, était le phénomène qui avait frappé le plus vivement les esprits. Des expériences furent donc entreprises, à cette époque, pour essayer de mesurer la vitesse de transport de l'agent physique qui occasionne ces effets.

Lemonnier, de l'Académie des sciences, fut l'auteur des premières recherches entreprises dans ce but. Dirigées avec beaucoup de sagacité, elles mirent en évidence la prodigieuse vitesse avec laquelle l'électricité se transporte d'un point à un autre.

Lemonnier commença par répéter les expériences de l'abbé Nollet sur la transmission du choc électrique à travers une chaîne composée d'un grand nombre de personnes ; mais il les varia et les étendit singulièrement. Dans ses premiers essais, Lemonnier forma un cercle de personnes qui, au lieu de se tenir immédiatement par la main, se joignaient par des chaînes de fer, longues de trois ou quatre toises. Quelques-unes de ces chaînes traînaient à terre, d'autres plongeaient dans l'eau d'un baquet, d'autres enfin étaient enroulées autour de quelques grosses pièces de fer. En appliquant les conducteurs de la bouteille aux deux extrémités de cette espèce de cercle, toutes les personnes ressentirent le choc électrique sans que le fluide parût aucunement détourné par le sol ni par l'eau.

Lemonnier répéta la même expérience en employant, au lieu de chaînes, un fil de fer long de près d'une lieue. Une partie de ce fil de fer traversait un pré, dont l'herbe était mouillée par la rosée ; une autre était portée sur une palissade de charmille et s'enroulait autour de plusieurs arbres, enfin une partie assez considérable traînait dans une terre nouvellement labourée : malgré tous ces obstacles, l'électricité passa le long du fil de fer, et excita une commotion violente dans les bras d'une personne placée à l'extrémité de la chaîne,

« Voyant, dit Lemonnier, que l'électricité passait avec tant de liberté au travers des hommes et des métaux, lors même qu'ils n'étaient pas portés sur des corps électriques de leur nature, je crus qu'il serait fort possible d'électriser aussi une grande masse d'eau. J'en fis d'abord l'expérience dans un baquet, que je remplis entièrement ; je pris de la main droite une bouteille bien électrisée, dont j'avais eu soin de recourber le fil de fer ; je plongeai le doigt de la main gauche dans L'eau du baquet, et je plongeai ensuite l'extrémité recourbée du fil de fer précisément vis-à-vis de l'endroit où j'avais le doigt de la main gauche. Je pris garde à ce que ni mon doigt ni le fil de fer ne touchassent au bord du baquet ; aussitôt je ressentis le coup dans les bras et dans la poitrine, comme dans l'expérience de Leyde.

« J'ai répété ensuite cette expérience sur le bassin du Jardin du Roi et sur celui des Tuileries. J'étendis par terre une chaîne de fer le long de la demi-circonférence de ces bassins, et je pris garde à ce que cette chaîne ne trempât pas dans l'eau. Proche d'une de ses extrémités, je fis flotter une broche de fer fixée verticalement à un large morceau de liège, de manière que cette broche, traversant le liège, s'enfonçait d'un pouce ou deux au-dessous de la superficie de l'eau ; un observateur se plaça à l'autre extrémité de la chaîne, la prit dans sa main gauche et plongea la main droite dans l'eau ; je pris aussi d'une main l'autre extrémité de la chaîne et une bouteille électrisée de l'autre ; je l'approchai de la broche de fer qui flottait sur l'eau : aussitôt l'électricité passa au travers de l'eau du bassin, et nous ressentîmes chacun un coup dans les deux bras.

« Quoique cette expérience n'eût rien qui ne s'accordât à merveille avec la petite théorie de la ligne qui unit le fil de fer et le corps de la bouteille, j'avoue que j'eus de la peine à croire que cette masse d'eau fût réellement devenue électrique ; je croyais plutôt que la commotion que nous avions ressentie venait de ce que notre électricité se perdait dans l'eau, comme celle d'un homme qui est porté sur des gâteaux de résine se perd lorsqu'on fait sortir des étincelles de son corps, sans que celui qui les tire devienne pour cela électrique ; mais l'expérience suivante, que j'ai faite exprès pour m'en éclaircir, ne me permit pas de douter que l'eau du bassin n'eût réellement reçu et transmis l'électricité.

« Je pris deux baquets pleins d'eau, que j'éloignai l'un de l'autre d'environ quatre pieds ; je fis mettre entre eux une personne qui plongeait une main dans chacun des baquets. Je mis aussi un doigt dans l'un, et je présentai le fil d'une bouteille électrisée à un morceau de fer qui nageait sur un liège dans l'autre baquet ; aussitôt il se fit une explosion, et la personne qui avait les deux mains plongées dans l'eau ressentit la commotion dans les coudes comme à l'ordinaire » Or, puisque cette personne a ressenti la commotion, il est évident que l'eau a réellement été électrisée, et partant que l'électricité a aussi passé, au travers de l'eau du bassin des Tuileries, dans l'expérience que j'ai rapportée tout à l'heure.

« Il est donc constant que la matière électrique qui s'élance de la bouteille passe très-librement au travers des corps non électriques, même sans qu'ils soient portés sur ceux qui ont cette propriété de leur nature, et qu'elle se manifeste dans ces corps d'une manière très-sensible[30]. »

Lemonnier essaya ensuite d'estimer la vitesse de propagation du fluide électrique. À l'aide d'excellentes montres à secondes, il s'efforça de reconnaître si l'on pouvait saisir un intervalle de temps appréciable entre le moment de la décharge d'une bouteille de Leyde et celui de la commotion éprouvée par des personnes placées à une grande distance de l'appareil.

Ses premières expériences avec une montre à secondes, eurent lieu au Jardin des Plantes, au moyen de fils de fer d'une longueur de 200 et de 430 toises qui faisaient le tour des deux grandes allées du jardin. Mais Lemonnier ne put obtenir, en opérant ainsi, des résultats satisfaisants. Bien que l'électricité lui semblât avoir franchi la longueur des fils dans l'intervalle d'une seconde, il hésitait, avec raison, à accorder confiance à ce chiffre, qu'il n'avait obtenu qu'un certain nombre de fois dans dix-sept expériences consécutives.

Il résolut donc de continuer les mêmes recherches, avec un fil de fer beaucoup plus long, et en suivant une méthode plus exacte que celle de l'emploi des montres.

Dans un vaste enclos qui appartenait au couvent des Chartreux, Lemonnier disposa deux fils de fer parallèles, longs chacun de 950 toises et distants entre eux de quelques pieds. Ces deux fils faisaient le tour de l'enclos et revenaient à leur point de départ ; de telle sorte que leurs extrémités venaient aboutir à l'endroit même où se trouvait placée la bouteille de Leyde. Un observateur, placé en ce point, tenait dans chaque main une des extrémités de ce fil conducteur. Il établissait ainsi, à l'aide de son corps, une communication au moyen de laquelle pouvait se faire la décharge de la bouteille. Placé de cette manière, cet observateur pouvait apercevoir l'étincelle, qui partait de la bouteille au moment où un autre opérateur déchargeait cette bouteille en l'approchant du point de départ du double fil conducteur qui parcourait l'enclos. Il pouvait donc juger si le coup qu'il ressentait dans les bras, venait après l'explosion de l'étincelle, ou en même temps.

Tout étant préparé de cette manière, Lemonnier prit dans sa main droite, la bouteille, et de sa main gauche, il approcha peu à peu de l'extrémité de ce fil la bouteille de Leyde électrisée.

Quand l'étincelle partit, l'observateur placé à l'extrémité du conducteur, ressentit la commotion, au moment même ou il voyait briller la lueur de cette étincelle[31].

Ayant répété l'expérience en tenant lui-même les deux fils, et faisant décharger la bouteille par son aide, Lemonnier obtint les mêmes résultats.

Fig. 243. — Expérience faite en 1746 par Lemonnier dans le couvent des Chartreux pour apprécier la vitesse de l'électricité.

Il la fit répéter aussi par un grand nombre d'autres personnes, et chacun tomba d'accord que l'on ne pouvait saisir aucun intervalle appréciable entre la lumière et le coup, et que par conséquent l'électricité parcourait sans une succession reconnaissable un espace de 950 toises, c'est-à-dire près d'une demi-lieue.

« Il aurait été facile d'observer, dit Lemonnier, un quart de seconde s'il y avait eu cet intervalle entre la lumière et le coup ; d'où il résulte que la vitesse de la matière électrique, lorsqu'elle parcourt un fil de fer, est au moins trente fois plus grande que celle du son[32]. »

En ne concluant rien au delà des résultats fournis par l'expérience, Lemonnier restait fidèle aux principes rigoureux qui doivent guider dans les sciences d'observation ; mais il n'était pas difficile de prévoir que les mêmes essais, exécutés sur des distances plus considérables, donneraient une idée bien plus élevée encore de la vitesse de transport de l'électricité.

Les observations qui venaient d'être faites en France pour la première fois, concernant la rapidité de propagation du fluide électrique, furent continuées par les physiciens anglais, qui les poussèrent jusqu'à de très-grandes distances. Ces recherches eurent beaucoup d'éclat et même de majesté.

Plusieurs membres de la *Société royale de Londres*, entre autres Martin Folckes, qui en était alors président, Cavendish et Bevis, se réunirent pour procéder à ces expériences, dont la direction fut confiée à Watson.

Les premiers essais qui furent exécutés les 14 et 18 juillet 1747, eurent pour but de transporter le courant électrique à travers la Tamise, en employant l'eau de ce fleuve comme une partie de la chaîne conductrice. À cet effet, on plaça près de Westminster, une bouteille de Leyde chargée. Un fil de fer communiquait avec la garniture intérieure de cette bouteille ; l'extrémité libre de ce fil conducteur attachée à la bouteille, était tenue dans la main d'un observateur qui, placé au bord de la rivière, tenait, de l'autre main, une baguette de fer.

Cet observateur trempa sa baguette de fer dans la rivière, pendant qu'un autre, placé en regard de l'autre côté de l'eau, trempait pareillement sa baguette dans la rivière d'une main, et tenait de l'autre main un fil de fer dont l'extrémité pouvait être mise en contact avec le conducteur de la bouteille.

En établissant la communication entre les garnitures intérieure et extérieure de la bouteille de Leyde, et faisant ainsi partir la décharge, la commotion électrique se fit sentir au même instant aux deux observateurs séparés par la Tamise.

Ainsi, le fluide s'était transmis en franchissant successivement le corps du premier observateur, l'eau de la Tamise, le corps du second observateur placé de l'autre côté de l'eau, et le fil que ce dernier tenait dans la main.

On réussit, dans une de ces expériences, à enflammer des liqueurs spiritueuses à l'aide du courant électrique qui avait traversé la rivière.

Rien ne peut donner une idée de la surprise, mêlée d'incrédulité, qui accueillit l'annonce de ce fait. Personne ne pouvait croire à ce phénomène extraordinaire d'un feu qui allait allumer de l'esprit-de-vin, après avoir traversé la rivière.

Une seconde série d'expériences commença le 24 juillet 1747 à *Stock-Newington*, près de Londres. On établit un conducteur d'environ 2 mille anglais de longueur, qui était formé en partie par l'eau de la Tamise, en partie par un fil de fer. Cette expérience fut faite en deux points. Dans, l'un, la longueur du fil de fer disposé sur la terre, était de 800 pieds, et l'on avait pris dans la Tamise une étendue de 2 milles anglais. Dans l'autre point, la distance par terre était de 2 milles, anglais et 800 pieds, et par eau, de 8 milles. L'électricité se transmit tout aussi bien que dans l'expérience faite près du pont de Londres.

Fig. 244. — Expérience faite en 1747 sur la Tamise par Martin Folckes, Cavendish et Bevis près du pont de Londres pour apprécier la vitesse de l'électricité.

Ensuite, au lieu d'enfoncer les baguettes de fer tenues par l'observateur, dans l'eau de la rivière, pour établir la communication, on les appliqua simplement en terre, à une distance de 20 pieds de l'eau. L'expérience eut le même succès ; et l'on reconnut ainsi que la terre humide, au moins jusqu'à une certaine distance, peut transmettre, aussi bien que l'eau, le fluide électrique.

Le 28 juillet, cette expérience fut répétée avec le même résultat, bien que les observateurs qui devaient enfoncer la baguette dans la terre se trouvassent chacun à 150 pieds de l'eau.

On essaya alors de reconnaître si le terrain sec laisserait passer aussi facilement le fluide électrique que la terre humide. L'expérience eut lieu, le 5 août 1747, à *Highbury-Barn*, au delà d'*Islington*. Bien que l'un des observateurs fût placé dans une sablonnière sèche, à cent pas de distance de la rivière, la commotion électrique fut ressentie comme auparavant.

On voulut reconnaître enfin, si le choc électrique pourrait se faire sentir dans un terrain sec, à une distance double de celle à laquelle on venait de le transmettre, et comparer en même temps, s'il était possible, les vitesses respectives de l'électricité et du son.

Le 14 août 1747, on s'établit, pour procéder à cette expérience, sur la montagne de *Shooter*. Le fil de fer communiquant avec la baguette tenue par l'observateur, était d'une longueur de près de 7 milles. Il était soutenu dans tout son trajet sur des bâtons bien secs qui faisaient l'office de corps isolants. Le conducteur qui communiquait avec la bouteille de Leyde, avait près de 4 milles de longueur et se trouvait également soutenu sur des bâtons préalablement séchés au four, afin de mieux assurer leur isolement : une distance de 2 milles séparait les deux observateurs. On tira un coup de fusil au moment de l'explosion de la bouteille, et les observateurs tenaient leurs montres à la main pour remarquer le moment où ils sentiraient le coup. Mais on ne put noter aucun intervalle appréciable entre la détonation et le choc électrique.

Une dernière expérience fut encore exécutée pour essayer de reconnaître avec plus d'exactitude la vitesse de l'électricité.

Le 5 août 1748, les expérimentateurs se réunirent une dernière fois sur la montagne de *Shooter*. On convint de former un circuit électrique de 2 milles de longueur, en faisant faire au fil conducteur différents détours dans la campagne ; le milieu de ce circuit se trouvait dans une maison où était placée la bouteille de Leyde, avec un observateur qui tenait à chaque main un des deux bouts, lesquels avaient de chaque côté 1 mille de longueur.

Dans cette disposition, qui reproduisait celle adoptée par Lemonnier, on pouvait observer avec exactitude l'intervalle entre le moment de la décharge de la bouteille de Leyde et celui de la commotion éprouvée.

« L'expérience prouva, dit Priestley, que la vitesse du passage de la matière électrique dans toute la longueur de ce fil, qui avait 12 276 pieds de longueur, était instantanée[33]. »

Ces curieuses expériences excitèrent, parmi les électriciens de l'Europe, beaucoup de surprise et d'admiration. Dans une lettre adressée à ce sujet à Watson, Musschenbroek lui écrivait, avec la magistrale emphase de quelques savants de cette époque : *Magnificentissimis tuis experimentis superasti conatus omnium ! (Par la magnificence de vos expériences vous avez surpassé les efforts de tous.)* »

De tels résultats redoublèrent l'ardeur des physiciens. On varia beaucoup la manière d'exécuter l'expérience de Leyde. Nollet, en France, y procédait de beaucoup de façons différentes. Il montra en 1747 que cette expérience peut se faire très-bien avec un vase de verre qui ne contienne ni eau ni métal, mais qui soit seulement vide d'air : l'espace vide d'air existant dans la bouteille lui servait de garniture intérieure[34].

Cette expérience, qui a été répétée plusieurs fois de nos jours, réussit parfaitement ; elle donne une décharge électrique d'une grande intensité. L'appareil nécessaire pour l'exécuter, existait encore, il y a peu d'années, dans le cabinet de physique de la Faculté de médecine de Paris. La bouteille fut brisée, pendant une leçon du cours de M. Gavarret, par la force de la décharge.

Nollet exécutait quelquefois la même expérience, en employant deux personnes au lieu d'une seule, pour exciter l'étincelle. Ces deux personnes étaient séparées par un tube de verre rempli d'eau, dont elles tenaient chacune une extrémité. Nollet voulait montrer ainsi, d'une manière plus frappante, le phénomène lumineux de l'étincelle.

« Lorsque l'explosion se fait, dit Nollet, et que les deux corps animés ressentent la secousse, le tube intermédiaire qui les unit brille d'un éclat de lumière aussi subit et d'aussi peu de durée que le coup qui saisit les deux personnes appliquées à cette épreuve ; n'est-il pas tout à fait possible qu'on verrait en nous la même chose si nous étions transparents comme le verre et l'eau[35] ? »

Il aimait encore à montrer la même manifestation de la lumière électrique par une expérience assez bizarre.

« Au lieu du tube plein d'eau, si les deux personnes qui font l'expérience se présentent mutuellement un œuf cru l'une à l'autre à la distance de quelques lignes, au moment de la commotion, si c'est dans la nuit ou dans un lieu obscur, on voit étinceler l'extrémité de chacun des deux œufs, et tous les deux paraissent également remplis de lumière[36]. »

Nollet montrait enfin que la forme de l'appareil est indifférente pour exécuter l'expérience de Leyde. Il obtenait la décharge électrique en se servant, au lieu de bouteille, d'une simple capsule de verre ou d'une jatte contenant de l'eau[37].

Ces diverses modifications apportées à l'expérience de Leyde commençaient, quoique bien lentement, à préparer l'explication théorique du phénomène singulier que personne n'était encore en état d'approfondir.

C'est ainsi que Musschenbroek reconnut que l'expérience de Leyde échouait toujours quand les parois extérieures de la bouteille étaient humides, fait qui explique, comme nous l'avons dit plus haut, l'erreur qu'il avait commise lui-même en déclarant que le verre d'Allemagne était le seul propre à exécuter sa célèbre expérience.

En Angleterre, Watson découvrit que la ténuité du verre augmentait le choc électrique et que l'intensité de la décharge était indépendante de la force de la machine électrique qui servait à la provoquer. En multipliant ses expériences, Watson reconnut encore que l'intensité de la décharge augmentait proportionnellement avec l'étendue de la surface du verre.

Un autre expérimentateur anglais, Devis, modifia très-avantageusement les dispositions primitives de la bouteille de Musschenbroek, et lui donna la forme que nous lui connaissons aujourd'hui. Il avait reconnu, à force de varier l'expérience, que l'énergie de la décharge augmentait avec les dimensions de la bouteille, mais nullement en proportion de la quantité d'eau qu'elle renfermait. Il conjectura donc que, dans le phénomène, encore inexpliqué, de la bouteille de Leyde, l'eau ne remplissait d'autre rôle que celui de conducteur. Comme l'eau ne jouit qu'à un assez faible degré de la propriété de conduire le fluide électrique, et qu'elle le cède beaucoup sous ce rapport aux différents métaux, Bevis pensa que l'effet électrique serait augmenté si l'on remplaçait l'eau par un métal. Il plaça donc dans la bouteille, de la grenaille

78

de plomb au lieu d'eau, et l'expérience fit voir que l'emploi d'un métal pour former la garniture intérieure de l'appareil augmentait considérablement l'effet électrique.

La grenaille de plomb employée par Bevis fut remplacée plus tard par des feuilles d'or, métal non oxydable et meilleur conducteur.

C'est encore le même physicien qui eut l'idée d'envelopper à l'extérieur la bouteille de Leyde d'une feuille métallique. Bevis avait compris que la main de l'opérateur qui tenait la bouteille, remplissait l'office d'un conducteur de l'électricité. En enveloppant la bouteille d'une feuille d'étain jusqu'à une certaine hauteur, on rendait la partie externe de l'appareil beaucoup plus conductrice. On pouvait alors placer la bouteille sur une table ou sur un support de bois, sans qu'il fût nécessaire de recourir à une personne pour la tenir.

Fig. 245. — Bouteille de Leyde.

Ces deux changements apportés par Bevis à la forme de la bouteille de Musschenbroek ajoutèrent beaucoup à l'intensité de ses effets, et cet instrument prit ainsi la forme définitive qu'il a conservée jusqu'à nos jours.

Chacun sait que la bouteille de Leyde consiste aujourd'hui,

comme le montre la figure 245 en un vase de verre enveloppé à l'extérieur d'une feuille d'étain B, jusqu'à une certaine distance du goulot. Elle contient à l'intérieur des feuilles d'or, et se termine par un conducteur en laiton, T, recourbé en crochet à son extrémité libre.

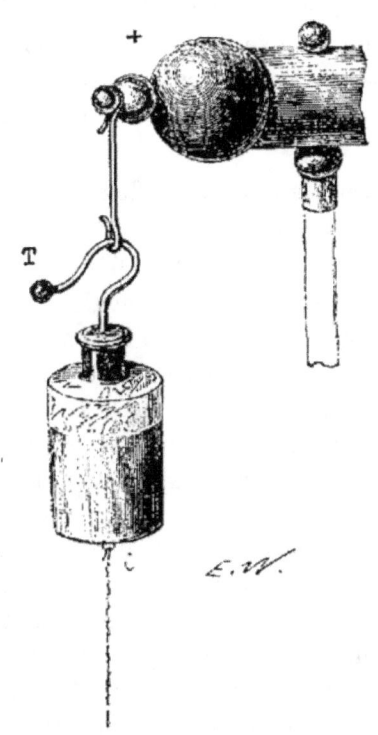

Fig. 246. — Bouteille de Leyde en communication avec la machine électrique.

Ce crochet sert à la mettre en communication avec la source d'électricité, c'est-à-dire avec la machine électrique, comme le montre la figure 246. Une chaîne de fer attachée, au moyen d'un crochet C, au dessous de la bouteille, sert à faire écouler dans le sol l'électricité de nom contraire à celle qui se condense à l'intérieur.

Bevis eut encore, le premier, l'idée de construire une *batterie électrique*. Il réunit trois bouteilles de Leyde, qu'il fit communiquer entre elles, à l'aide de fils de fer partant de l'intérieur de chacune d'elles. Il fit également communiquer les garnitures extérieures de ces bouteilles par une chaîne métallique qui traînait sur le sol. Ainsi fut construite la première batterie électrique que Franklin, comme nous le verrons bientôt, imagina aussi de son côté, sans avoir eu, nous dit-il, connaissance de cet appareil de Bevis.

Mettant à exécution l'idée de Bevis, Watson construisit ensuite de puissantes *batteries électriques* y en employant de très-grandes bouteilles de verre mince, nommées *jarres*, qu'il remplissait de feuilles d'argent.

On obtint avec ces batteries, des effets électriques d'une grande puissance. La décharge d'une batterie composée de dix à douze jarres suffisait pour tuer des animaux d'une assez grande taille.

Tous ces résultats prouvaient avec évidence que les effets de la bouteille de Mussçhenbroék dépendaient, non de l'intensité de la source qui fournissait l'électricité, c'est-à-dire de la machine électrique, mais bien de l'étendue de la surface que présentait le verre ainsi maintenu entre deux surfaces métalliques. Bevis prouva expérimentalement ce fait important, en recouvrant les deux faces opposées d'un carreau de verre, de deux feuilles métalliques, jusqu'à une distance d'un pouce du bord du carreau. Faisant communiquer l'une de ces feuilles métalliques avec le conducteur d'une machine électrique, et l'autre avec le sol, il obtint une décharge, qui avait sensiblement la même intensité que celle qui était fournie par une bouteille de verre de même surface. C'est ce que l'on désigne aujourd'hui sous le nom d'*expérience du carreau fulminant*.

Cette expérience est représentée (fig. 247), un carreau de verre fait d'un cadre de bois est garni sur ses deux faces d'une lame d'étain, dont l'une entourée au moyen d'un prolongement métallique *c*, est en communication avec le cercle de bois par un anneau et une chaîne métalliques A. Pour charger ce *condensateur*, on fait communiquer la lame d'étain de la face supérieure avec une machine électrique et l'anneau avec le sol, au moyen de la chaîne. La condensation de l'électricité s'effectue à travers la lame de verre. Quand on réunit au moyen d'un *excitateur* les deux lames métalliques, il en résulte une forte décharge.

Fig. 247. — Carreau électrique.

Telle est l'expérience qui servit à Bevis à prouver que l'intensité de la décharge d'une bouteille de Leyde dépend de l'étendue de la surface sur laquelle est déposée l'électricité, et non de l'intensité de la source d'électricité.

Cependant, ces diverses remarques ne fournissaient encore que des lumières bien incertaines pour expliquer le phénomène de la bouteille de Leyde. Depuis un an, les expériences, les faits acquis, s'étaient multipliés singulièrement, mais la théorie n'avait pas fait un pas. On avait varié et perfectionné la construction de cet instrument sans pouvoir encore hasarder la moindre explication de ses effets. L'empirisme seul avait appris à donner aux pièces de la bouteille de Musschenbroek la place qu'on leur assignait. On savait bien qu'il fallait, pour exécuter l'expérience, placer un corps non conducteur de l'électricité entre deux surfaces conductrices ; mais quel rôle physique remplissait chacun des éléments de cet appareil, on l'ignorait encore d'une manière absolue. Il fallait que cet appareil traversât les mers, pour aller trouver au sein du Nouveau-Monde le philosophe ingénieux, le rigoureux observateur, qui devait éclairer d'une lumière subite et inattendue une matière dont tous les physiciens de l'Europe avaient été impuissants à dissiper l'obscurité.

CHAPITRE VI

TRAVAUX DE FRANKLIN. — THÉORIE DU FLUIDE UNIQUE. —
ANALYSE PHYSIQUE DE LA BOUTEILLE DE LEYDE. — EXPÉRIENCES
DIVERSES INVOQUÉES PAR FRANKLIN POUR ÉTABLIR LA THÉORIE
PHYSIQUE DE LA BOUTEILLE DE MUSSCHENBROEK.

Ce fut dans l'été de l'année 1747 que le hasard amena l'illustre
Franklin à s'occuper pour la première fois, des phénomènes
électriques. Par son éducation, Franklin était loin d'avoir été
préparé à la culture des sciences, mais la nature lui en avait donné
le génie, et son exemple prouve suffisamment combien la flamme
de l'inspiration scientifique peut se faire jour et briller au dehors
en dépit du concours incessant des circonstances contraires.
D'abord apprenti dans une fabrique de chandelles, ensuite ouvrier
imprimeur, enfin directeur d'un journal économique, dépourvu
de toute instruction première, à peine dégrossi par un voyage sans
résultat entrepris en Europe, séparé par une distance de deux mille
lieues des pays où florissaient les sciences, privé ainsi de tout conseil,
de toute direction qu'auraient pu lui fournir des physiciens engagés
dans les mêmes travaux, entièrement dépourvu d'instruments de
recherches et d'ailleurs sans ressources pécuniaires pour en faire
construire en Europe : tel était l'homme qui s'apprêtait à aborder
l'étude des phénomènes électriques avec l'espoir de résoudre les
problèmes difficiles qui s'offraient pour la première fois à son esprit
investigateur. Franklin avait reçu de la nature l'originalité dans la
conception et l'indépendance dans les vues. Son esprit, qui n'avait
pas été embarrassé de bonne heure dans les replis des vicieux
systèmes de la physique de son temps, s'ouvrait librement et sans
entraves aux simples lumières de la vérité et de la raison. Cette
virginité intellectuelle, attribut rare et précieux, fut la source des
triomphes scientifiques du philosophe américain.

Franklin avait établi à Philadelphie, une petite société littéraire,
où quelques jeunes esprits, amateurs des vérités physiques et
morales, aimaient à s'exercer ensemble sur diverses matières de cet
ordre. Au commencement de l'année 1747, un physicien, nommé
Pierre Collinson, membre de la *Société royale de Londres*, adressa
à la petite réunion présidée par Franklin, la description raisonnée
des nouvelles expériences électriques qui occupaient alors toutes

les académies de l'Europe. À sa lettre étaient joints quelques instruments pour exécuter les principales de ces expériences, et particulièrement un tube de verre avec son étui, instrument qui pouvait tenir lieu d'une machine électrique, car frotté avec une étoffe de laine, il donnait assez d'électricité pour produire les principaux phénomènes observés jusque-là. Peu de temps auparavant, en 1746, Franklin se trouvant à Boston, avait rencontré dans cette ville un amateur d'électricité, le docteur Spence, arrivant d'Écosse, qui l'avait rendu témoin de quelques expériences courantes sur l'électricité. Bien qu'imparfaitement exécutées par le bon docteur, « qui n'était pas très-expert, » nous dit Franklin, ces expériences lui avaient inspiré un vif intérêt, et l'avaient séduit par l'extrême nouveauté du sujet. Aussi le présent envoyé à la *Société de Philadelphie* par le complaisant physicien de la *Société royale de Londres* fut-il accueilli avec empressement par Franklin, qui entrevoyait sans doute la riche moisson de découvertes que cette matière, alors si nouvelle, réservait aux observateurs.

Franklin commença par répéter, avec les petits appareils envoyés par Collinson, les expériences qu'il avait vu faire à Boston par le docteur Spence. Il en rendit témoins ses amis, les jeunes membres de la *Société littéraire*. Sa maison se remplissait chaque jour, de curieux et d'amateurs qui venaient se familiariser avec ces nouveaux prodiges. Afin d'activer le travail, il fit souffler dans la verrerie de Philadelphie, plusieurs tubes de verre, qu'il distribua à ses amis, pour les mettre en état de répéter eux-mêmes les phénomènes qu'il produisait devant eux. Il put de cette manière, disposer bientôt de plusieurs collaborateurs. Le principal d'entre eux fut Kinnersley, « ingénieux voisin, nous dit Franklin, n'ayant rien à faire, que j'engageai à entreprendre de montrer les expériences pour de l'argent, et pour qui je rédigeai deux discours dans lesquels les expériences étaient classées de telle manière, et accompagnées d'explications données d'après une telle méthode, que la précédente faisait comprendre celle qui suivait. Il se procura à ce sujet un élégant appareil, dans lequel toutes les petites machines que j'avais grossièrement faites pour moi furent proprement fabriquées par des faiseurs d'instruments. Ses séances furent bien suivies et donnèrent une grande satisfaction, et quelque temps après il parcourut les colonies, donnant des séances dans les villes capitales, et recueillit de l'argent. »

Fig. 248. — Franklin dans son laboratoire de physique à
Philadelphie.

Les expériences de Franklin et les découvertes qui en furent la
suite, sont consignées dans une série de lettres adressées par lui à
Collinson et qui ont été réimprimées plusieurs fois. La première
est du 28 juillet 1747.

Les lettres de Franklin ont besoin, pour être comprises, d'un
commentaire explicatif. Elles sont loin, en effet, de procéder
suivant les règles d'une exposition dogmatique. C'est un simple
et bref récit d'expériences détachées, dont le lien échappe, et
qui déconcertent toujours l'esprit à une première lecture. Ce
commentaire indispensable, nous allons essayer de le fournir.

Dans l'exposé des découvertes de Franklin il importe de distinguer soigneusement entre les faits et les hypothèses. Il faut considérer séparément la théorie générale qu'il a proposée pour l'explication des phénomènes électriques, et les faits nouveaux qu'il observa et qui sont devenus dans la suite une source abondante de découvertes et d'applications. La théorie générale imaginée par Franklin a été précieuse pour la constitution de la science électrique ; les faits qu'il a découverts ont beaucoup éclairé cette partie de la physique : par ces deux ordres de travaux, Franklin a donc été doublement utile à la belle science qu'il réussit à approfondir.

Fig. 249 — Franklin

Nous avons vu, en parlant des travaux de Dufay, que ce physicien, pour expliquer les phénomènes généraux de l'électricité, avait admis l'existence de deux espèces de fluides : l'*électricité vitrée* ou *positive* et l'*électricité résineuse* ou *négative*. Selon Dufay, l'électricité existe dans tous les corps à l'état neutre ou naturel, et cette électricité naturelle est formée par la neutralisation réciproque des deux électricités, positive et négative, qui existent dans tous les corps. Par le frottement ou par la chaleur, on peut déterminer la décomposition de ce fluide naturel : dès lors les deux électricités, positive et négative, primitivement combinées, se désunissent ; l'une passe sur le corps frottant, l'autre sur le corps frotté, qui se trouve dès lors animé de la vertu électrique, soit

86

positive soit négative. L'existence de ces deux fluides opposés ne satisfaisait pas le philosophe américain. Il crut pouvoir expliquer les mêmes phénomènes par une hypothèse mieux en harmonie avec la simplicité de moyens que la nature met en jeu. Pour rendre compte des phénomènes électriques, Franklin n'admettait l'existence que d'un seul fluide ; avec cette donnée, il expliquait tous les phénomènes de la manière la plus simple.

Franklin suppose qu'il existe dans tous les corps un fluide très-délié, c'est le fluide électrique proprement dit. Homogène dans son essence, il est répandu dans tous les corps : *ses molécules se repoussent mutuellement, et il a lui-même de l'attraction pour la matière.* Tous les corps de la nature qui, à l'origine, ont été plongés dans ce fluide, s'en sont chargés selon leur degré d'attraction et de capacité pour cet agent physique, jusqu'à ce que ce fluide se soit mis en équilibre avec lui-même dans tous les corps de la nature. D'après cela, dans les conditions ordinaires, aucun corps ne semble contenir de fluide électrique et ne paraît électrisé, il est dans l'état naturel. Mais dès que le frottement, ou un moyen analogue, est venu déterminer dans ce corps la rupture de l'équilibre naturel, les attractions pour le fluide électrique du corps frottant et du corps frotté perdent leur rapport primitif d'égalité. L'un se charge d'une surabondance de fluide électrique, l'autre en perd une partie ; de telle sorte qu'après le frottement, le corps frottant, par exemple, renferme plus et le corps frotté renferme moins de cette électricité naturelle. C'est cet excès ou ce défaut de fluide qui les constitue dans deux états d'électricité différents, et qui leur donne la propriété de manifester des effets électriques opposés, c'est-à-dire de s'attirer mutuellement et de se reconstituer en équilibre, dès qu'on les met en contact l'un avec l'autre. Quand un corps renferme de l'électricité en excès, Franklin dit qu'il est électrisé positivement ; si l'électricité s'y montre en défaut, il est électrisé *négativement.*

Telle est l'hypothèse de Franklin, préférable, sous le rapport de la simplicité, à celle de Dufay.

Nous ouvrirons ici une parenthèse pour expliquer pourquoi la théorie de Franklin n'a pas subsisté dans la science.

La théorie du fluide unique, proposée par Franklin, n'a pas été adoptée par les physiciens de notre époque, pour deux motifs : 1°

Parce qu'on a pensé que l'hypothèse des deux fluides simplifiait l'exposé des phénomènes et présentait plus de facilité que celle de Franklin pour l'exposition dogmatique et pour l'enseignement ; 2° parce que le physicien Œpinus, l'ayant soumise au calcul, crut que cette hypothèse n'était pas confirmée par l'analyse mathématique. Il résulte en effet des calculs d'Œpinus, que la théorie de Franklin ne serait admissible qu'autant qu'il existerait, entre les particules de la matière, une répulsion à de grandes distances. Cette objection mathématique parut décisive contre la théorie de Franklin, car cette répulsion réciproque à de grandes distances ne s'aperçoit nulle part dans les mouvements des corps célestes, qui, au contraire, s'attirent les uns les autres. On faisait encore remarquer que, dans la théorie de Franklin, les corps conducteurs agissant par une attraction sur le fluide unique, il doit exister, dans cette sorte d'affinité de la matière pour l'électricité, des variations dépendantes de la nature des différents corps. Or, ce résultat n'est point conforme à l'expérience, car on sait que l'électricité se distribue aux corps conducteurs, non pas d'une manière différente suivant leur nature, mais uniformément, selon leur surface.

Enfin, disait-on encore, comment se fait-il que l'électricité négative, qui n'est, suivant le système de Franklin, qu'une privation, qu'une *absence d'électricité* se produise uniquement à la surface des corps et s'établisse sur chaque point de cette surface, conformément aux lois rigoureuses de l'hydrostatique, absolument comme un *fluide réel*.

Telles sont les objections qui ont fait tomber l'hypothèse de Franklin. Mais nous allons essayer de montrer qu'elles avaient beaucoup moins de force qu'on ne leur en a prêté, et que la théorie du fluide unique satisfait, tout aussi bien que celle des deux fluides, à l'explication des phénomènes électriques. Sans doute, l'hypothèse des deux fluides se prête avec une merveilleuse facilité, à l'exposition des faits ; de même que pour démontrer les lois de la lumière, il est plus commode d'avoir recours à la théorie de l'émission qu'à celle des ondulations. Mais cette considération ne suffit pas pour faire admettre l'hypothèse des deux fluides. Il faudrait, pour que l'on fût forcé de l'adopter, démontrer qu'aucune autre hypothèse ne peut se plier aussi facilement à l'intelligence des phénomènes fournis par l'observation.

Un jeune physicien, dont le nom est aujourd'hui presque inconnu et qu'une mort prématurée enleva aux sciences, Bigeon, est parvenu, par l'application de l'analyse mathématique, et en même temps par l'expérience, à renverser les objections d'Œpinus rapportées plus haut. Le mémoire de Bigeon, qui a passé presque inaperçu, est imprimé dans les *Annales de chimie et de physique*[38].

Bigeon commence par établir le principe suivant : « *Il n'existe qu'un seul fluide électrique dont l'égale distribution dans tous les corps de la nature constitue l'état naturel, et l'inégale distribution l'état électrique des corps.* »

Ce principe posé, Bigeon démontre par le calcul que deux corps électrisés et suspendus librement dans l'air, se repousseront quand leurs tensions électriques seront toutes deux supérieures ou inférieures à celle de l'atmosphère environnante, et s'attireront quand l'une de ces deux tensions sera plus forte et l'autre plus faible que celle du milieu environnant.

En étudiant les calculs de Poisson sur la distribution de l'électricité libre dans l'intérieur des corps conducteurs, Bigeon a vu qu'ils s'appliquaient très-naturellement à l'hypothèse du fluide unique. Il faut seulement, dans les calculs, ajouter au nombre des propriétés du fluide électrique admises par Poisson, une sorte d'incompressibilité ou une force élastique considérable, et admettre aussi que la quantité d'électricité qu'il est possible d'enlever ou d'ajouter aux corps électrisés, est infiniment petite par rapport à celle qu'ils renferment.

Se fondant sur les expériences de Davy, qui a démontré que les phénomènes électriques se manifestent dans le vide, Bigeon arriva à conclure que le vide contient du fluide électrique et qu'une partie de ce fluide est indépendante du milieu environnant, cette partie étant très-petite relativement à celle qui adhère aux molécules du corps électrisé.

Ainsi, dans l'air atmosphérique, chaque molécule est entourée d'une certaine quantité d'électricité qui ne s'en sépare que difficilement ; en ajoutant dès lors à un même espace une nouvelle quantité d'air, ou en enlevant une partie de celui qu'il renferme, ce qui revient à augmenter ou à diminuer sa densité par un moyen quelconque, on augmentera ou on diminuera en même temps sa tension électrique, et les corps placés dans son intérieur, précédemment en état d'équilibre électrique, se trouveront trop peu ou trop électrisés par rapport à lui, et devront dès lors manifester des propriétés électriques. C'est ce que Bigeon a observé en effet dans l'expérience suivante.

Si on suspend sous une cloche dans laquelle on peut faire le vide, et près d'une boule de moelle de sureau fixe et isolée, une autre boule, placée à l'extrémité d'un fil de gomme-laque horizontal, soutenue par un fil de cocon, on observe en faisant le vide sous cette cloche qu'une très-faible diminution dans la densité de l'air, produit toujours une répulsion qui disparaît en rendant l'air. Cette expérience contredit formellement la théorie des deux électricités ; car on ne peut, en ôtant du fluide naturel, laisser que du fluide naturel, et il n'y a pas de raison pour que l'électrisation des boules se produise et soit accusée par une répulsion, tandis que, dans l'hypothèse d'un seul fluide, diminuer la densité de l'air c'est diminuer la tension électrique du milieu environnant ; donc les tensions des deux boules électrisées sont toutes deux plus grandes que la tension du milieu ambiant, et il y a répulsion. Bigeon est donc parvenu, par l'expérience et le raisonnement, à faire tomber l'objection d'Œpinus, et il n'est plus nécessaire, pour admettre l'existence d'un fluide unique, de supposer les molécules de la matière douées d'une force répulsive.

La seconde objection élevée contre le système de Franklin consiste à dire qu'une *absence d'électricité*, qui, dans cette théorie, représente l'état négatif des corps électrisés, ne pouvait obéir aux mêmes lois, se mouvoir de la même manière que le fluide positif. Mais il suffit pour réfuter cette objection de rappeler que Franklin a dit : Un corps est électrisé négativement quand on lui enlève une *partie*, mais non pas la *totalité* de son fluide naturel.

La troisième objection contre la théorie de Franklin consiste à dire que l'on ne saurait admettre une sorte d'affinité élective dans un fluide qui se distribue, d'après une même loi, à la surface de tous les corps indifféremment, et sans aucune différence déterminée par leur composition chimique. Cette troisième objection a été réfutée en ces termes par Edm. Robiquet, agrégé de physique à l'École de pharmacie de Paris, dans sa Thèse pour le doctorat es sciences présentée en 1854, à la Faculté des sciences de Paris.

CHAPITRE VI

« Il me semble bien difficile, dit Robiquet, pour ne pas dire impossible, de déterminer des différences de conductibilité ou d'adhérence dans un fluide dont la vitesse est si prodigieuse, et par conséquent on n'a pas le droit de nier que ces différences existent. Qu'y a-t-il d'ailleurs de surprenant à ce que l'électricité se propage et se distribue de la même manière à la surface des corps conducteurs présentant au point de vue physique des propriétés générales semblables, de même que tous les corps qu'on peut amener à l'état de précipités noirs pulvérulents, aussi semblables que possible au noir de fumée, absorbent de la même manière les rayons calorifiques, ainsi que M. Masson l'a démontré par des expériences aussi précises et aussi irréprochables que celles qu'il a l'habitude de faire ?

« L'illustre Faraday, en découvrant qu'un même courant électrique traversant les dissolutions de plusieurs métaux, en sépare des poids sensiblement proportionnels à leurs équivalents, autorise lui-même à penser qu'il existe pour l'électricité statique une sorte d'affinité élective, mais que les nuances de cette affinité ont échappé jusqu'à présent à toutes les méthodes d'investigation. »

Dans la Thèse qui nous a fourni les passages précédents, Robiquet s'est proposé de compléter et de développer la pensée émise par Bigeon, dont le mémoire n'était qu'une simple note sur un sujet que la mort l'a empêché sans doute de traiter dans tout son développement. Robiquet explique donc, suivant l'une et l'autre théorie, les expériences fondamentales de l'électricité. Il expose ensuite, suivant l'une et l'autre hypothèse, la théorie de quelques instruments employés à la démonstration des phénomènes électriques, et il montre que le système de Franklin, c'est-à-dire l'hypothèse du fluide unique, rend compte de ces phénomènes d'une manière tout aussi simple que la théorie qui lui a été préférée jusqu'à nos jours.

Revenons pourtant à Franklin et à sa théorie.

Malgré ses avantages, malgré la clarté qu'elle introduisait dans l'interprétation des phénomènes, la théorie de Franklin ne fut pas acceptée dans la science. On continua d'admettre, avec les physiciens français, l'hypothèse des deux fluides à propriétés différentes, et cette théorie a été professée jusqu'à nos jours. Elle est plus commode, en effet, pour l'enseignement, pour l'exposition dogmatique, mais rien ne prouve qu'elle soit conforme à la réalité.

La théorie de Franklin, ouvrage d'un esprit net et profond, sera toujours citée avec respect et avec reconnaissance, car c'est en la prenant pour guide que son auteur fut conduit à l'une des plus belles découvertes dont la physique se soit enrichie, c'est-à-dire à l'analyse, à l'explication physique du mécanisme de la bouteille de Leyde. C'est par des expériences pleines de finesse, de pénétration et d'élégance que Franklin fut conduit à cette découverte admirable.

Voici comment, d'après les expériences de Franklin, on se rend compte aujourd'hui des phénomènes de la bouteille de Leyde.

Ses effets s'expliquent par la différence que présentent, sous le rapport de l'état électrique, ses surfaces interne et externe, que l'on désigne d'habitude sous le nom de *garniture extérieure* et de *garniture intérieure*. Avant que l'on ait fait jouer la machine électrique, la garniture intérieure, c'est-à-dire la partie interne du verre et les feuilles d'or que renferme la bouteille, sont à l'état neutre (pour employer les termes de la théorie de Dufay) ; c'est-à-dire que les deux fluides positif et négatif existent dans ce corps, mais neutralisés, paralysés par leur combinaison. Quand on fait agir la machine électrique qui développe par exemple du fluide positif, et que l'on met la bouteille de Leyde en communication avec le conducteur de cette machine, le fluide positif passe à l'intérieur ou dans la garniture intérieure de la bouteille. Parvenu là, ce fluide positif agit, à travers l'épaisseur du verre, sur les deux fluides qui existent à l'état neutre dans la garniture extérieure. Sous cette influence, le fluide neutre de la garniture extérieure est décomposé ; le fluide positif est repoussé et s'écoule dans le sol par le corps de l'opérateur qui tient à la main la bouteille. Le fluide négatif de la même garniture extérieure est attiré par le fluide de nom contraire qui existe à l'intérieur de la bouteille.

L'interposition d'une substance non conductrice, comme le verre, empêche ces deux électricités libres de se réunir pour recomposer du fluide neutre, comme elles le seraient si elles étaient séparées par une substance conductrice de l'électricité. Le verre de la bouteille remplit donc l'office d'une sorte de barrière qui sépare les deux fluides libres, les maintient à l'état d'activité, et permet d'accumuler ou de condenser ainsi entre les deux garnitures une masse d'électricité. Cette masse est d'autant plus considérable que la garniture extérieure étant toujours en communication avec le sol, c'est-à-dire avec le grand réservoir naturel de l'électricité neutre, emprunte au sol autant d'électricité que peut en accumuler la garniture intérieure de la bouteille.

Ainsi s'explique ce fait de la présence des deux électricités de nom contraire dans les garnitures interne et externe de la bouteille de Leyde.

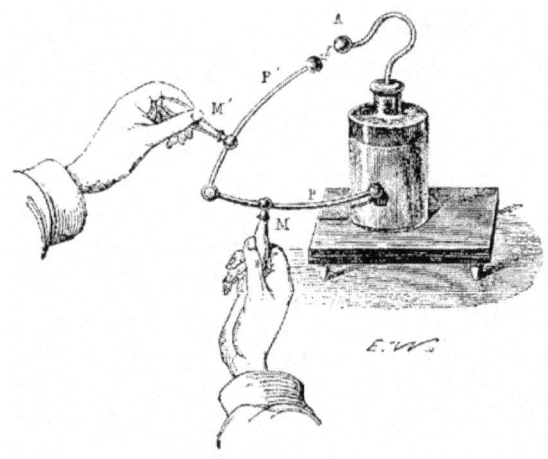

Fig. 250. — Décharge de la bouteille de Leyde.

Maintenant, si, à l'aide d'un arc métallique conducteur PP′ (fig. 250) garni d'un manche isolant en verre MM′, c'est-à-dire d'un *excitateur*, on vient à toucher à la fois les garnitures interne et externe de la bouteille, on présente un moyen de communication entre ces deux garnitures. Alors les deux électricités accumulées s'échappent à la fois par cet arc conducteur ; elles s'élancent à la rencontre l'une de l'autre, et se recombinent en reformant du fluide neutre, et produisant entre le bouton A de la bouteille et le bouton de l'*excitateur*, une vive étincelle, ainsi qu'il arrive toutes les fois que l'on met en présence deux corps différemment et fortement électrisés.

Si, au lieu d'établir la communication entre les deux électricités au moyen d'un arc métallique isolé par deux manches de verre, on établit cette communication avec les deux mains, la personne qui fait cette expérience reçoit une profonde secousse, parce que la recomposition des deux fluides, et l'ébranlement physique considérable qui en est la conséquence, se fait à l'intérieur de son corps et dans l'intimité de ses organes.

C'est précisément ce qui arriva à Musschenbroek lorsque, pour la première fois, il vint à toucher fortuitement, d'une main, le conducteur de la machine électrique en activité, pendant qu'il tenait, de l'autre main, la bouteille de verre pleine d'eau électrisée.

Telle est l'analyse, telle est l'explication que Franklin donna aux physiciens de son temps des effets de la bouteille de Leyde. Mais comment le philosophe américain parvint-il à démontrer la vérité de l'explication qui précède ? C'est ce qu'il importe d'exposer avec soin.

Dans une première expérience, Franklin présente à une bouteille de Leyde chargée, une boule de liège attachée à l'extrémité d'un fil de soie, et il voit que la boule est attirée par l'enveloppe extérieure de la bouteille, tandis que le fil métallique communiquant avec l'intérieur, la repousse.

« Placez, dit Franklin, une bouteille de Leyde électrisée sur de la cire, matière isolante ; tenez à la main un fil de soie bien sec auquel est suspendue une petite boule de liège ; approchez cette petite boule, du fil de fer qui sort de l'intérieur de la bouteille, elle sera d'abord attirée et ensuite repoussée. Lorsqu'elle est dans cet état de répulsion, baissez la main de manière que la boule se trouve vis-à-vis du bas de la bouteille ; elle sera promptement et fortement attirée. Si le verre, à l'extérieur de la bouteille, avait été électrisé positivement, comme le fil de fer qui communique avec sa partie intérieure, le liége aurait été repoussé également par le fil de fer et par le bas de la bouteille[39]. »

Donc, la partie externe et la partie interne de la bouteille se trouvaient à un état électrique opposé : l'une était électrisée positivement, l'autre négativement.

Pour établir le même fait par une autre expérience, Franklin suspend un fil de lin au voisinage de l'enveloppe d'une bouteille chargée, et il observe que, chaque fois qu'il présente son doigt au crochet de la bouteille, le fil de lin est attiré par l'enveloppe, de manière qu'à mesure qu'il soutire le fluide de la surface intérieure, l'enveloppe en reçoit la même quantité par le moyen du fil de lin.

« D'un fil de fer courbé et attaché sur une table, faites pendre un fil de lin à la distance d'un demi-pouce de la fiole électrisée ; touchez avec le doigt le fil d'archal de la fiole à plusieurs reprises, et à chaque attouchement vous verrez le fil de lin attiré dans l'instant par la bouteille (cette expérience réussira encore mieux avec un vinaigrier ou tel autre vase bombé qu'on voudra). Dès que vous tirez du feu de la partie supérieure, en touchant le fil d'archal, la partie inférieure de la bouteille en attire une égale quantité par le fil. »

Franklin montra d'une manière plus manifeste encore, que, dans la bouteille de Leyde, les surfaces interne et externe se trouvent à un état électrique opposé, au moyen de plusieurs expériences très-ingénieuses, très-élégantes, et qui ont été conservées jusqu'à nos jours, sans modification. Elles avaient pour but de prouver que l'on peut parvenir à dépouiller peu à peu la bouteille de Leyde de toute son électricité, en présentant alternativement un même corps léger à la garniture intérieure et à la garniture extérieure. Ce corps étranger opère lentement et silencieusement sa décharge, parce qu'il soutire à chaque fois une petite quantité de fluide sur l'une des garnitures de la bouteille, et la neutralise aussitôt par une même quantité de fluide contraire empruntée à l'autre garniture.

« Faites tenir, dit Franklin, un fil de fer dans une feuille de plomb, dont le bas de la bouteille est garni, de sorte qu'en faisant un coude pour se relever perpendiculairement, l'anneau qui le termine se trouve de niveau avec le haut ou l'anneau du fil d'archal qui entre dans le liège, et qu'il en soit à trois ou quatre pouces de distance. Alors électrisez la bouteille, et posez-la sur de la cire. Si un morceau de liège suspendu par un fil de soie descend entre les deux fils d'archal, il jouera continuellement de l'un à l'autre jusqu'à ce que la bouteille ne soit plus électrisée : la raison en est qu'il tire et apporte le feu du haut en bas de la bouteille, jusqu'à ce que l'équilibre soit rétabli. »

C'est la même expérience que Franklin avait déjà faite avec son *araignée artificielle*, et qu'il décrit très-sommairement, en ces termes, dans une lettre précédente :

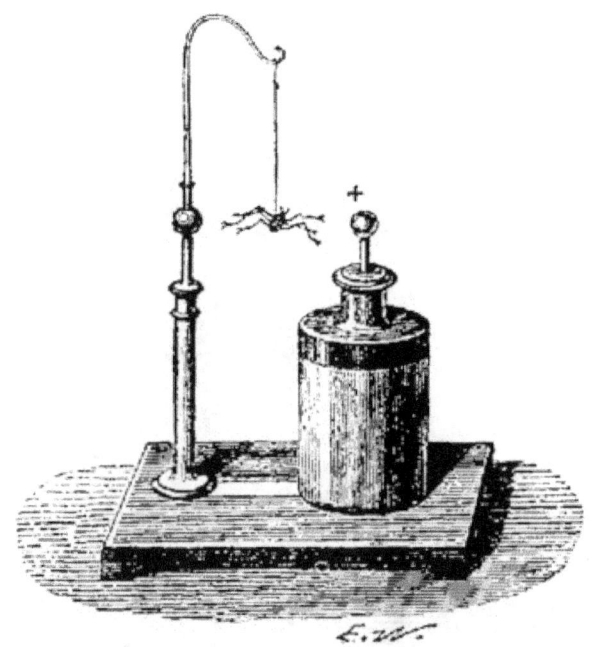

Fig. 252. — Araignée électrique.

« Nous suspendons par un fil de soie une araignée artificielle faite
d'un petit morceau de liège brûlé (avec les pattes de fil de lin, et
lestée d'un ou deux grains de plomb pour lui donner plus de poids.
Sur la table où elle est suspendue, nous attachons un fil d'archal
perpendiculairement à la hauteur du fil d'archal de la fiole et à la
distance de deux ou trois pouces de l'araignée ; alors nous animons
cette araignée en mettant la fiole à la même distance, mais de l'autre
coté ; elle vole aussitôt au fil d'archal de la fiole, bande ses pattes en
le touchant, s'élance de là et revole au fil d'archal de la table, de là
encore au fil d'archal de la fiole, jouant avec ses pattes contre l'un
et l'autre d'une manière tout à fait amusante, et paraît parfaitement
animée aux personnes qui ne sont pas instruites. Elle continue ce
mouvement une heure et plus dans un temps sec. »

On ne manque jamais aujourd'hui, dans les cours de physique,
de répéter cette curieuse expérience de l'araignée de Franklin (fig.
252).

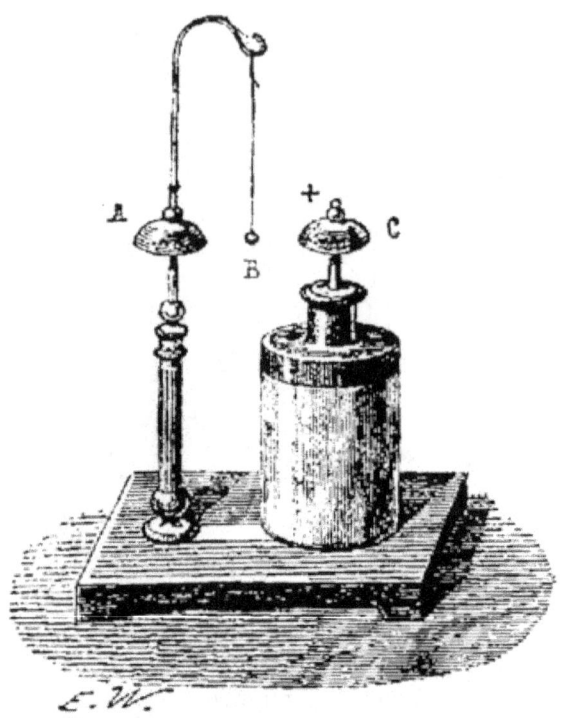

Fig. 253. — Carillon électrique.

Le *carillon électrique* est une autre expérience du physicien de Philadelphie, qui n'est qu'une variante de la précédente. En munissant de deux timbres métalliques très-sonores, C, A(fig. 253), le crochet extérieur de la bouteille de Leyde et une tige métallique en communication avec sa garniture extérieure au moyen d'une bande d'étain, on obtient, par le choc répété d'une balle métallique légère B isolée par le fil de soie auquel elle est suspendue et qui est attirée successivement de l'un à l'autre timbre, une série continue de sons, ou un*carillon électrique*. Au bout de quelques heures, par ces décharges partielles et successives la bouteille a perdu toute son électricité.

Franklin montra ensuite qu'en mettant en contact les deux surfaces, interne et externe, de la bouteille de Leyde électrisée, les deux fluides se recomposent, et tout effet électrique disparaît.

Louis Figuier

« Placez, dit Franklin, une bouteille de Leyde électrisée sur de la cire pour l'isoler ; prenez un fil de fer qui ait la forme d'un c, de telle longueur qu'après lui avoir donné sa courbure on puisse faire toucher le fil d'archal de la bouteille par un de ses bouts et le bas de la bouteille par l'autre. Attachez-en la partie convexe à un bâton de cire d'Espagne qui lui servira comme de manche ; appliquez alors son bout d'en bas au fond de la bouteille, et approchez par degrés son bout d'en haut du fil d'archal qui est dans le liège : vous y verrez des étincelles se suivre de près jusqu'à ce que l'équilibre soit rétabli. Faites toucher d'abord le haut en approchant l'autre extrémité du fond, vous aurez un courant de feu continuel provenant du fil d'archal qui enfile la bouteille ; touchez le haut et le bas en même temps, et l'équilibre sera incontinent rétabli, le fil d'archal courbé formant la communication. »

Franklin mit le même résultat en évidence à l'aide d'une autre expérience assez élégante pour être rapportée ici. Elle avait pour résultat de montrer aux yeux le passage de l'étincelle électrique entre les deux surfaces différemment électrisées de la bouteille de Leyde mise en communication au moyen d'un mince filet d'or bordant la couverture d'un livre :

« Voici, dit Franklin, une jolie expérience qui rend extrêmement sensible le passage du feu électrique de la partie supérieure à la partie inférieure de la bouteille pour rétablir l'équilibre. Prenez un livre dont la couverture soit bordée de filets d'or ; courbez un fil d'archal de huit ou dix pouces de long dans la forme m, posez-le à l'extrémité de la couverture du livre sur le filet d'or, de façon que le coude de ce fil d'archal porte sur une extrémité du filet d'or et que l'anneau soit en haut, incliné vers l'extrémité du livre ; couchez ce livre sur du verre ou sur de la cire, et posez la bouteille électrisée sur l'autre extrémité des filets d'or ; alors courbez la partie saillante du fil d'archal en la pressant avec un bâton de cire d'Espagne jusqu'à ce que son anneau soit proche de l'anneau du fil d'archal de la bouteille, et à l'instant vous apercevez une forte étincelle et un choc, et tout le filet d'or qui complète la communication entre le haut et le bas de la bouteille paraît une flamme vive comme un éclair très-brillant. L'expérience réussira d'autant mieux que le contact sera plus immédiat entre le coude du fil d'archal et l'or à une extrémité du filet, et entre le cul de la bouteille et l'or à l'autre extrémité. Il faut faire cette expérience dans une chambre obscure. Si vous voulez que tout le contour des filets d'or sur la couverture paraisse en feu tout à la fois, faites en sorte que la bouteille et le fil d'archal touchent l'or dans les coins diagonalement opposés. »

Toutes ces expériences, d'une frappante simplicité, suffisaient pour établir la justesse de l'explication donnée par Franklin de l'état physique de la bouteille de Musschenbroek ; mais le physicien de Philadelphie, ne trouvant pas sans doute ces moyens de démonstration assez complets, se livre à de nouvelles recherches pour vérifier sa conjecture. Il décharge sa bouteille à travers le corps d'un homme isolé, et l'homme ne conserve après la décharge aucune trace d'électricité. Il isole le frottoir après avoir suspendu une bouteille au conducteur, et il ne peut réussir à la charger, quoiqu'il la tienne constamment avec la main, tandis qu'il la charge facilement lorsqu'à l'aide d'un fil métallique il fait communiquer sa surface extérieure avec le frottoir isolé. Franklin charge la bouteille avec la même facilité, soit qu'il présente l'enveloppe, soit qu'il présente le crochet au conducteur.

Les électriciens de l'Europe avaient observé qu'on ne peut jamais réussir à charger une bouteille de Leyde quand on la place sur un support isolant. La théorie de Franklin explique parfaitement ce fait : pour que le fluide naturel de la bouteille soit détruit par l'électricité positive arrivant de la machine, il faut que le fluide négatif, repoussé, puisse s'écouler dans le sol ; si la bouteille que l'on électrise est isolée, la route étant fermée au fluide négatif, ce dernier ne peut s'écouler dans le sol, et par conséquent l'électrisation de la bouteille est impossible.

Mais une des expériences les plus élégantes par lesquelles Franklin confirma toute la vérité de sa théorie est celle que l'on désigne sous le nom de *charge par cascade*.

Si, comme l'admettait Franklin, il y a, par la garniture extérieure de la bouteille de Musschenbroek, un écoulement continuel d'électricité de nom contraire à celle qui arme par la machine électrique, cette électricité doit pouvoir se manifester au dehors par ses effets. Franklin imagina de rendre sensible la présence de cette électricité par un moyen bien démonstratif au point de vue expérimental. Il fit servir l'électricité négative qui s'écoulait de la garniture extérieure d'une bouteille de Leyde, à charger de nouvelles bouteilles. Voici comment il faut s'y prendre pour répéter l'expérience de la *charge par cascade*, due à l'esprit ingénieux du physicien de Philadelphie.

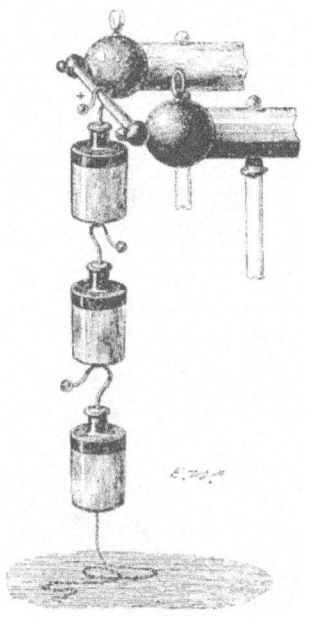

Fig. 254. — Charge de plusieurs bouteilles de Leyde, par cascade.

La première bouteille de Leyde communique comme à l'ordinaire, par le crochet de sa garniture intérieure, avec le conducteur d'une machine électrique. Un crochet métallique, fixé à la garniture extérieure de cette première bouteille, sert à supporter une seconde bouteille de Leyde, qui communique ainsi, par sa garniture intérieure, avec la garniture extérieure de la première, et peut dès lors recevoir le fluide qui s'en écoule. On peut placer une troisième bouteille de Leyde au-dessous de la deuxième, en la suspendant de la même manière au crochet de la précédente.

Maintenant, si l'on met en action la machine électrique, en faisant tourner son plateau de verre, le fluide positif envoyé par le conducteur de cette machine s'accumulera dans la garniture intérieure de la première bouteille ; les deux fluides, qui sont dans la garniture extérieure à l'état neutre, seront désunis, le fluide négatif sera attiré, le fluide positif repoussé. Ce fluide, positif repoussé passera, par les deux crochets entrelacés, de la garniture extérieure de la première bouteille dans la garniture intérieure de la seconde. Cette seconde bouteille sera donc, par rapport à la troisième, dans la même position que la première par rapport à la seconde. Il en sera de même de la troisième, etc. Toutes les garnitures intérieures posséderont le fluide positif, toutes les garnitures extérieures le fluide négatif, en un mot toutes les bouteilles seront chargées comme la première et aussi facilement qu'une seule. Cette manière de charger les bouteilles de Leyde est une preuve sans réplique de l'écoulement du fluide repoussé.

Franklin expliqua sans plus de difficulté, l'augmentation des effets électriques que l'on produit au moyen des *batteries*, nom que l'on donnait depuis Bevis et Watson, sans toutefois que l'on eût trouvé l'explication théorique. Cette explication était toute simple, d'après ce qui précède.

Une batterie électrique se compose de la réunion d'un certain nombre de bouteilles de Leyde, dont les garnitures intérieures communiquent toutes ensemble au moyen d'une tige métallique partant de l'intérieur de chacune d'elles pour aboutir à cette tige commune. Les garnitures extérieurescommuniquent également entre elles au moyen d'une lame d'étain qui revêt le fond de la boîte où tout cet ensemble est placé. Cette boîte communique elle-même avec le sol par une chaîne métallique qui pend au dehors jusqu'à terre, et met en communication avec le sol toutes les garnitures extérieures.

Les premières batteries électriques employées par Franklin ne se composaient pas de bouteilles de Leyde proprement dites : elles consistaient dans la réunion d'un certain nombre de *carreaux fulminants*, c'est-à-dire de grands carreaux de vitre, munis de chaque côté d'une mince lame de plomb et supportés par des cordons de soie[40]. Dans la suite de ses expériences, Franklin se servit d'une batterie électrique telle que la représente la figure 255, reproduction exacte de l'une des figures qui accompagnent son mémoire.

Louis Figuier

Fig. 255. — Batterie électrique.

Ajoutons, pour terminer cet exposé des travaux de Franklin, que, dans le cours des recherches que nous venons d'analyser, il fit encore, avec le secours de Kinnersley, « son ingénieux voisin, » plusieurs expériences curieuses dont on ne manque pas de rendre témoins aujourd'hui les auditeurs des cours de physique. Entre autres expériences de ce genre, c'est-à-dire concernant les effets de l'électricité statique, nous citerons, comme ayant été exécutées pour la première fois par Franklin ou Kinnersley, celles du *Tube étincelant*, — *de la Bouteille de Leyde étincelante*, — du *Carreau magique*, et du *Carillon électrique*, dont il a été question plus haut, — du *Thermomètre de Kinnersley*, — du *Perce-carte*, — *du Perce-verre*, etc. Nous n'entrerons dans aucun détail au sujet de ces expériences, qui ne répondent qu'à une intention de curiosité, qui ne constituent que des spectacles et récréations physiques bien connus aujourd'hui et dont nous voulons seulement marquer ici l'origine historique.

On nous permettra toutefois, pour donner une idée exacte de ce genre de divertissements physiques qui plaisait à l'illustre physicien du Nouveau-Monde, de citer, comme le spécimen le plus original en ce genre, l'expérience du *Tableau magique du roi et des conjurés.*

« Voici de quelle manière, dit Franklin, se fait le *Tableau magique* dont M. Kinnersley est l'inventeur. Ayant un grand portrait gravé, avec un cadre et une glace, comme par exemple celui du roi (que Dieu bénisse !), ôtez-en l'estampe et coupez-en une bande à environ deux pouces du cadre tout autour ; quand la coupure prendrait sur le portrait, il n'y aurait pas d'inconvénient. Avec de la colle légère ou de l'eau gommée, collez sur le revers de la glace la bande du portrait séparée du reste, en la serrant et l'unissant bien : alors remplissez l'espace vide en dorant la glace avec de l'or ou du cuivre en feuilles ; dorez pareillement le bord intérieur du derrière du cadre tout autour, excepté le haut, et établissez une communication entre cette dorure et la dorure du derrière de la glace ; remettez la bordure sur la glace, et ce côté sera fini. Retournez la glace, et dorez le devant précisément comme le derrière, et, lorsque la dorure sera sèche, couvrez-la en collant dessus le milieu de l'estampe dont on avait retranché la bande, observant de rapprocher les parties correspondantes de cette bande et du portrait ; par ce moyen, le portrait paraîtra tout d'une pièce comme auparavant, quoiqu'il y en ait une partie derrière la glace et l'autre devant... Tenez le portrait horizontalement par le haut, et posez sur la tête du roi une petite couronne dorée et mobile. Maintenant, si le portrait est électrisé modérément et qu'une personne empoigne le cadre d'une main, de sorte que ses doigts touchent la dorure postérieure et que, de l'autre main, elle tâche d'enlever la couronne, elle recevra une commotion épouvantable et manquera son coup. Si le portrait était fortement chargé, la conséquence pourrait bien en être aussi fatale que celle du crime de *haute trahison*, car, lorsqu'on tire une étincelle à travers une main de papier couchée sur le portrait par le moyen d'un fil d'archal de communication, elle fait un trou à travers chaque feuillet, c'est-à-dire à travers quarante-huit feuilles (quoique l'on regarde une main de papier comme un bon plastron contre la pointe d'une épée ou même contre une balle de mousquet), et le craquement est excessivement fort. Le physicien qui, pour empêcher l'estampe de tomber, la tient par le haut, à l'endroit où l'intérieur du cadre n'est pas doré, ne sent rien du coup et peut toucher le visage du portrait sans aucun danger, ce qu'il donne comme un témoignage de sa fidélité au prince. Si plusieurs personnes en cercle reçoivent le choc, on appelle l'expérience, les *Conjurés*. »

Il ne faut pas confondre l'appareil que Franklin appelle *Tableau magique* avec celui que l'on voit dans les cabinets de physique actuels, et que nous représentons ici (fig. 256). Le *Tableau magique* de nos cabinets de physique, n'est qu'un des nombreux appareils qui servent à produire dans l'obscurité, des effets lumineux à l'aide de l'électricité.

Sur un carreau de verre on colle une bande d'étain très-étroite, qui se replie plusieurs fois parallèlement à elle-même, en laissant peu d'intervalle entre chaque bande, comme le montrent les lignes noires de la figure 256. Ensuite avec un instrument tranchant, on pratique, sur ces traits noirs, des solutions de continuité, figurant une fleur, une tête, un portique, etc.

Cet appareil, étant isolé au moyen de deux colonnes de verre qui lui servent de support, si l'on met l'extrémité supérieure A de la bande d'étain, en communication avec une machine électrique en activité, et l'autre extrémité en communication avec le sol, grâce au bouton B et au support de bois, l'électricité jaillit à chaque solution de continuité de la bande d'étain, et figure en traits de feu l'objet qui a été découpé dans la continuité de la bande du métal.

La quatrième lettre de Franklin, où se trouve rapportée, avec plusieurs autres, l'expérience originale du *Tableau magique du roi et des conjurés* se termine comme il suit :

« Étant un peu mortifiés de n'avoir pu jusqu'ici rien produire par nos expériences pour l'utilité du genre humain et entrant dans la saison des grandes chaleurs pendant lesquelles les expériences électriques ne réussissent pas si bien, nous avons pris la résolution de les terminer pour cette saison un peu gaiement, par une partie de plaisir sur les bords du Skuylkill. Nous nous proposons d'allumer de l'esprit-de-vin des deux côtés en même temps, en envoyant une étincelle de l'un à l'autre rivage à travers la rivière, sans autre conducteur que l'eau, expérience que nous avons exécutée depuis peu au grand étonnement de plusieurs spectateurs. Nous tuerons un dindon pour notre dîner par le choc électrique, il sera rôti à la broche électrique devant un feu allumé avec la bouteille électrisée, et nous boirons aux santés de tous les fameux électriciens d'Angleterre, de Hollande, de France et d'Allemagne, dans des tasses électrisées, au bruit de l'artillerie d'une batterie électrique[41]. »

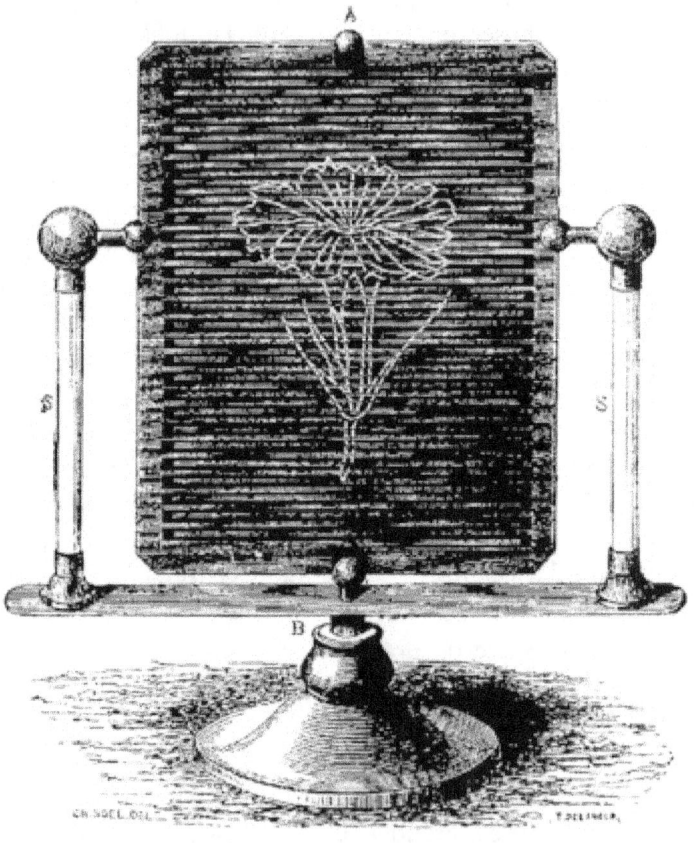

Fig. 256. — Tableau magique.

C'est au milieu de ces sortes de récréations physiques, et avec leur secours, que Franklin accomplit son immortelle analyse de la bouteille de Leyde, dont nous venons de présenter l'exposé.

Pendant que le philosophe américain réalisait ses belles découvertes, les électriciens d'Europe continuaient de se livrer à une foule d'expériences et de tentatives isolées, qu'ils variaient sans cesse, sans en tirer le moindre fruit, et sans trouver une théorie satisfaisante pour expliquer les nombreux phénomènes que la science enregistrait chaque jour. Les physiciens les plus célèbres de la France, de l'Angleterre et de l'Allemagne, les membres les plus éminents des académies européennes, ne pouvaient que signaler confusément des faits observés d'une manière empirique, tandis qu'un nouveau venu, un homme sans notoriété dans les sciences, composait, à deux mille lieues de l'Europe, la théorie rationnelle des phénomènes électriques, et soumettait à une victorieuse analyse la bouteille de Musschenbroek.

Toutefois, ces grandes découvertes n'étaient elles-mêmes qu'un prélude. Elles ne marquaient que le premier pas vers un triomphe plus éclatant encore. Il restait au philosophe américain à étonner le monde par une de ces vues supérieures qui dévoilent toute la puissance et la portée de l'esprit humain. Il lui restait à démontrer l'identité de la foudre et de l'électricité, et à appliquer cette idée à la création du paratonnerre. Avant de passer à l'histoire de cette grande découverte, et de reprendre l'historique des progrès de l'électricité depuis son origine jusqu'à nos jours, nous décrirons, pour en finir avec la *machine électrique* qui fait l'objet de cette Notice, les machines électriques construites et adoptées par les physiciens contemporains, et qui sont de date récente.

CHAPITRE VII

DÉCOUVERTES RÉCENTES RELATIVES A LA MACHINE ÉLECTRIQUE. — ÉLECTRICITÉ PRODUITE PAR LES JETS DE VAPEUR D'EAU BOUILLANTE. — MACHINE HYDRO-ÉLECTRIQUE DE M. ARMSTRONG. — MACHINE DE M. HOLTZ.

Les machines électriques que nous avons décrites, sont toutes basées sur le développement de l'électricité par le frottement du verre. Les plus puissantes sont à plateau. Nous citerons celle du musée Teyler, à Harlem, qui fut construite en 1785, par Cuthbertson pour le physicien Van Marum. Les deux plateaux parallèles avaient 1^m,60 de diamètre. Quatre hommes suffisaient à peine pour la mettre en rotation. Elle donnait des étincelles de 65 centimètres de longueur et d'une épaisseur de plus d'un demi-centimètre, qui éclataient avec une véritable détonation. Un pendule électrique était dévié à plus de 12 mètres de distance. Nous avons donné (fig. 235) la figure de cet appareil célèbre.

Une autre machine à plateau, digne d'être mentionnée, est celle du Conservatoire des Arts et Métiers de Paris, dont le plateau a 1^m,85 de diamètre, et qui donne des étincelles énormes.

Mais la plus grande machine électrique qui existe, est celle de l'*Institution polytechnique de Londres*. Son plateau a un diamètre de 2^m,27, Sa rotation est produite par une machine à vapeur.

Les effets de ces puissants appareils sont dépassés par ceux d'une machine électrique basée sur un principe tout différent, et d'invention, relativement, récente. La découverte de cette nouvelle source d'électricité statique, est due à un phénomène révélé par le hasard, mais que l'on sut analyser et utiliser.

En 1840, un mécanicien anglais était occupé, dans un atelier aux environs de Newcastle, à réparer la chaudière d'une machine à vapeur où il s'était déclaré une fuite. Par un mouvement involontaire, il plongea une de ses mains dans le jet de vapeur, pendant que de l'autre main il touchait le levier de la soupape de sûreté. Aussitôt il éprouva une secousse, et il vit des étincelles jaillir au bout de ses doigts qui touchaient le levier. Il se trouvait, en ce moment, sur un massif de briques chaudes, peu conducteur, qui jouait le rôle de corps isolant, et sans nul doute il établissait la communication entre la chaudière, qui était électrisée négativement, et la vapeur, qui prenait, en s'échappant, une électricité positive (fig. 251).

Informé de ce phénomène inattendu, M. Armstrong le répéta sur d'autres machines. Il puisa la vapeur dans une chaudière, par l'intermédiaire d'un large tube de verre, terminé par un robinet isolé. Tant que la vapeur n'avait pas d'issue, il ne se manifestait pas d'action électrique, mais dès qu'on la laissait s'échapper, elle s'électrisait positivement, le robinet prenant l'électricité opposée. La chaudière elle-même restait à l'état naturel.

Fig. 251. — Découverte fortuite de la présence de l'électricité
dans la vapeur d'eau.

Ce résultat prouve que les deux fluides se séparent seulement à l'orifice d'échappement, et qu'ils sont engendrés par le frottement de la vapeur contre les parois du robinet.

M. Faraday a complété l'étude de ce phénomène en montrant que la vapeur surchauffée et sèche ne fournit point d'électricité. Si on la fait passer, au contraire, avant sa sortie, dans une boîte remplie d'étoupe humide, où elle se charge de gouttelettes d'eau, on obtient de l'électricité en abondance. C'est donc le frottement des gouttelettes liquides qui est la véritable cause du développement de l'électricité. M. Faraday à montré encore que la matière des becs qui servent à l'écoulement, a une grande influence sur la quantité d'électricité produite. Le bois de buis est la matière la plus avantageuse.

En s'appuyant sur ces résultats, M. Armstrong construisit la machine que nous représentons ici (fig. 257). Elle se compose d'une chaudière cylindrique en tôle A, fermée par une porte B, à foyer intérieur, isolée sur quatre pieds de verre S, S. Le niveau de l'eau dans l'intérieur de la chaudière, est indiqué par un tube de cristal vertical N. Une soupape de sûreté C, fixée sur la chaudière, garantit la sécurité de l'opérateur. Quand la vapeur a acquis une tension suffisante, mesurée par un petit manomètre, on ouvre le robinet D, qui lui donne accès dans la boîte E, remplie de mèches de coton humectées. La vapeur sort de cette boîte par des ajutages d'une forme particulière, dont l'intérieur est de bois dur et contourné de façon à augmenter le frottement de la vapeur humide. Celle-ci se charge alors d'électricité positive pendant que la chaudière devient négative. Pour recueillir le fluide positif, on dirige le jet de vapeur sur un cadre G garni de pointes, et fixé sur un globe H isolé au moyen d'une tige de verre I, où s'accumule le fluide. La quantité d'électricité augmente avec la pression de la vapeur. On donne ordinairement à la vapeur une pression de 5 à 6 atmosphères.

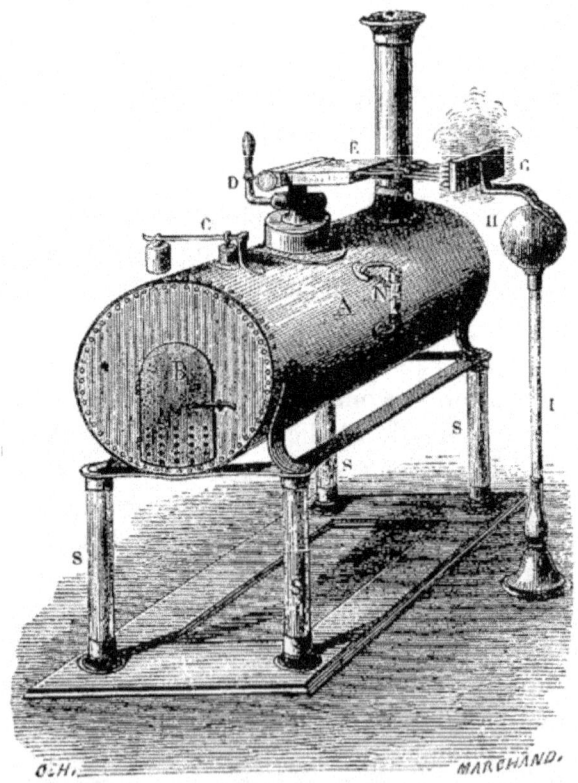

Fig. 257. — Machine électrique d'Armstrong.

Les machines Armstrong produisent des effets très-considérables. Avec une petite chaudière qui contient seulement 40 litres d'eau, on peut obtenir cinq étincelles de 15 centimètres, par seconde.

L'*Institution polytechnique de Londres* possède une machine hydroélectrique dont la chaudière a 2 mètres de long et qui porte quarante-six jets. Elle fournit environ quarante-six fois plus d'électricité que la grande machine à plateau du même établissement, et ses étincelles ont 60 centimètres de longueur.

Il existe dans le cabinet de physique de la Faculté des sciences de Paris, une machine Armstrong, pourvue de quatre-vingts becs. Elle fournit également de formidables étincelles, qui partent d'une manière à peu près continue.

Les machines Armstrong seraient beaucoup plus répandues, si elles ne présentaient pas plusieurs inconvénients. Les becs s'usent assez rapidement ; la chaudière a besoin d'être lavée à l'eau de potasse, avant qu'on puisse en faire usage ; la production de vapeur est gênante dans un laboratoire, et il faut toujours attendre un certain temps avant que la machine soit en tension ; enfin, on obtient des effets beaucoup plus considérables au moyen des appareils d'induction dont il sera question dans une autre partie de cet ouvrage. Pour toutes ces raisons, les machines Armstrong ne figurent que dans les grands cabinets de physique.

Une autre machine électrique très-ingénieuse, a été imaginée en 1865, par M. Holtz, de Berlin. Elle a été construite à Paris, comme la machine d'Armstrong, par M. Ruhmkorff, Cette machine est une petite merveille de simplicité, au point de vue de la construction.

Quant à l'explication de ses effets, c'est autre chose. On est loin encore d'être d'accord sur la véritable origine de l'électricité qu'elle produit : c'est un problème, une sorte de défi jeté aux théoriciens. On dit généralement, que cette machine est un électrophore à fonctionnement continu. M. Töpler, de Riga, qui a imaginé un appareil tout à fait analogue à celui de M. Holtz, sans connaître les expériences de ce dernier, a essayé d'en donner une théorie mathématique ; mais elle ne rend pas compte de tous les phénomènes observés.

Fig. 258. — Machine électrique de Holtz.

Voici d'abord la description de cette curieuse machine (fig. 258). Son organe essentiel est un disque en verre A, enduit d'un vernis de gomme-laque, qui doit empêcher l'humidité atmosphérique de se déposer sur le verre. Ce disque d'un diamètre de 35 à 45 centimètres, est percé de deux ouvertures, ou fenêtres, symétriques, de 10 centimètres de largeur. Aux bords de ces fenêtres sont collées quatre bandes de papier, qui jouent le rôle d'armatures, deux d'un côté et deux de l'autre côté du verre. De chaque armature, une pointe de papier s'avance jusque vers le milieu de la fenêtre. M. Holtz appelle un *élément* l'ensemble d'une fenêtre et d'une armature ; on peut construire des disques à deux ou à quatre éléments. Ce disque est maintenu dans une position fixe par quatre anneaux *ab*, qui glissent sur deux barres horizontales en caoutchouc durci ou en verre.

En avant de ce disque immobile, est disposé un autre disque en verre B, également verni. Il est un peu plus petit que le premier disque, qui le dépasse de quelques centimètres et il n'est point percé de fenêtre. On lui imprime un mouvement de rotation plus ou moins rapide, au moyen de l'axe horizontal qui le porte et qui est relié par une courroie, à une poulie C et à une manivelle D. La distance laissée entre le disque tournant et le disque immobile est de 3 à 4 millimètres.

L'appareil se complète par deux peignes métalliques E, placés en avant et très-près du disque tournant, aux extrémités de deux tiges horizontales qui se terminent, à l'autre bout, par un fil conducteur, ou bien, comme le montre la figure, par des tiges transversales munies de boutons et de manches isolants F. C'est entre ces boutons que jaillit l'étincelle.

Il suffit maintenant d'approcher de l'une des armatures, une source quelconque d'électricité, par exemple une petite plaque de caoutchouc dur préalablement frottée avec une peau de chat, et de faire en même temps tourner la manivelle, pour que les armatures ou éléments se chargent immédiatement d'électricité par *influence*. L'une des deux armatures s'électrise toujours positivement, l'autre négativement ; toutes deux jouent le rôle de conducteurs. Sans les armatures, on n'obtient pas d'étincelles, tandis qu'avec elles l'étincelle se produit facilement et peut avoir jusqu'à 10 centimètres de longueur.

La nouvelle machine fournit avec très-peu d'effort, une quantité extraordinaire d'électricité de tension, et on peut s'en servir pour la production d'une foule de phénomènes intéressants. Ainsi, le courant qu'elle fait naître dans un fil conducteur, suffit pour donner une commotion sensible sans qu'on ait besoin d'une bouteille de Leyde. Dirigé directement sur la peau, il cause une sensation qui ressemble à celle d'une piqûre ou d'une brûlure.

Ce qui fait l'originalité de la machine de M. Holtz, c'est qu'elle a besoin d'être *amorcée* par une faible source d'électricité, et qu'elle fonctionne sans frottement, à moins qu'on ne veuille admettre que c'est la couche d'air entre les deux disques qui agit comme frottoir.

Voilà tout ce qu'on peut dire de précis sur l'origine de l'électricité fournie par la nouvelle machine.

Dans la Notice qui va suivre, et qui est consacrée au *paratonnerre*, nous allons reprendre la suite des découvertes des physiciens du siècle dernier, relatives à l'électricité et à ses effets.

NOTES

1.   Diogène Laërce, Vies des plus illustres philosophes de l'antiquité traduites du grec. Tome Ier, page 15 (Thalès), in-18, Amsterdam, 1761.

2.   Pour connaître l'histoire des très-vagues et très-imparfaites connaissances des anciens sur les phénomènes d'attraction qu'exercent certains corps quand ils sont frottés, il faut consulter une collection de mémoires très-érudits de M. Th. H. Martin, doyen de la faculté des lettres de Rennes, publiés en 1866, sous ce titre général : La foudre, l'électricité et le magnétisme chez les anciens. Le mémoire sur le succin (pages 94-138), et celui sur les attractions électriques (pages 138-151), contiennent tous les textes des auteurs anciens qui peuvent être invoqués sur cette question.

3.   « Faites, dît Guillaume Gilbert, une aiguille de quelque métal que ce soit, de la longueur de deux ou trois pouces, légère et très-mobile sur un pivot, à la manière des aiguillés aimantées ; approchez d'une des extrémités de cette aiguille, de l'ambre jaune ou une pierre précieuse légèrement frottée, luisante et polie, l'aiguille se tournera sur-le-champ. » (De arte magneticâ.)

4.   « Si cuidam plaeuerit, ille sphœram vitri, quod vocant phialam, sumat magnitudine ut caput infantis ; in eam sulphur in mortario contusum injiciat, ac igni admotum liquefaciat satis ; eoque refrigerato sphæram frangat ac globum eximat, locoque sicco non humido conservet : si lubeat, illum quoque foramine quodam perforet, ut radio ferreo seu axe quodam circumagi queat : atque hoc modo præparatus erit hic globus. » Otto de Guericke, Experimenta nova, lib. quartus, cap. XV, p. 147.)

5.   Eléments de physique démontrés mathématiquement et confirmés par des expériences, ou Introduction à la philosophie newtonienne, ouvrage traduit du latin de Guillaume Jgcob S'Gravesande. In-4. Leyde, 1746, t. II, p. 87.

6.   Le lecteur s'explique facilement les résultats obtenus par Grey dans ces deux expériences. Dans la première, la corde de chanvre étant attachée au tube de verre et ne touchant ni le sol ni les murs de l'appartement, se trouvait isolée par le manche de verre auquel elle était fixée. L'électricité transmise à la corde ainsi

isolée devait donc s'y maintenir. Mais quand la corde était placée sur des ficelles tendues au travers de l'appartement, l'électricité pouvait s'échapper dans le sol par l'intermédiaire de ces supports et des clous fixés dans le mur.

7.   Philosophical Transactions, vol. II, p. 19 (abridg.).

8.   Philosophical Transactions, vol. VII, p. 23 (abridg.).

9.   Ibid., vol. VII, p. 20 (abridg.).

10.   Otto de Guericke avait déjà, noté ce fait, mais on ne l'avait pas encore élevé à l'état de principe général.

11.   Leçons de physique expérimentale, t. VI, p. 452.

12.   Ces Expériences et Observations de Watson forment la seconde partie de la collection publiée à Paris, en 1748, sous ce titre : Recueil de traités sur l'électricité, traduits de l'allemand et de l'anglais. 1 vol, in-12.

13.   Expériences et observations de Watson, p. 138, pl. 2, fig. 1, dans le Recueil de traités sur l'électricité, traduits de l'allemand et de l'anglais.

14.   Essai sur la nature, les effets et les causes de l'électricité, avec une description de deux nouvelles machines à électricité, traduit de l'allemand de M. Winckler, professeur dans l'université de Leipzig, formant la 1re partie du Recueil de traités sur l'électricité, traduits de l'allemand et de l'anglais, p. 8, 9.

15.   « Si quelque raison, dit l'abbé Nollet, a pu faire imaginer le coussinet, c'est la crainte que l'on a eue d'être blessé par des éclats de verre, si le globe venait à se casser lorsqu'il tourne. J'avoue que cette crainte est fondée, et l'on doit prendre des précautions pour éviter de pareils accidents ; mais celle du coussinet m'a toujours rendu l'électricité si lente, et ses effets si faibles, que l'impatience m'en a pris, et que je l'ai abandonnée pour toujours. » (Essai sur l'électricité des corps, p. 28.)

16.   Essai sur l'électricité des corps, p. 8, 17.

17.   Cours de physique expérimentale et mathématique, par Pierre Van Mussehenbroch, traduit par M. Sigaud de Lafond, démonstrateur de physique expérimentale. In-4° Paris, 1769, t. Ier, p. 353.

18.   Traité complet de l'électricité, par M. Tibère Cavallo traduit de l'anglais. In-8, 1785, p. 126.

19.   Précis historique et expérimental des phénomènes électriques, p. 46.

20.   Description d'une très-grande machine électrique placée dans le Muséum de Teyler à Haarlem, et des expériments faits par le moyen de cette machine, par Martinus Van Marum, directeur du cabinet d'histoire naturelle et bibliothécaire du Muséum de Teyler, in-4°, avec planches (Beschriving einer… : etc.).

21.   The description and uses of Nairne's patent electrical machine, with

the additions of some philosophical experiments and medical observations. In-8, London, 1783.

22.   Lettre à M. Martin Folckes, président de la Société royale, dans le Recueil de traités sur l'électricité, traduits de l'allemand et de l'anglais, 2e partie, p. 15 et suivantes.

23.   Watson, Expériences et observations sur l'électricité, 2e partie du Recueil de traités sur l'électricité, traduits de l'allemand et de l'anglais.

24.   Ibid., 2e partie, préface des Expériences et observations de Watson, p. 8.

25.   Histoire de l'électricité, traduite de l'anglais de Josepf Priestley. Paris, 1771, t. I, p. 150.

26.   Mémoires de mathématique et de physique de l'Académie des sciences de Paris, pour 1746, p. 3.

27.   Ibid.

28.   Mémoires de l'Académie royale des sciences pour 1764, p. 4.

29.   Abrégé des Transactions philosophiques, vol. X, p. 336 (texte anglais). — Mémoires de mathématique et de physique de l'Académie des sciences de Paris, pour 1746, p. 22.

30.   Mémoires de mathématiques et de physique de l'Académie royale des sciences de Paris pour 1746, p. 450-452.

31.   Mémoires de mathématiques et de physique de l'Académie royale des sciences de Paris pour 1746, p. 456-457.

32.   Mémoires de mathématiques et de physique de l'Académie royale des sciences de Paris pour 1746, p, 457.

33.   Histoire de l'électricité, t. I, p. 203.

34.   Mémoires de l'Académie des sciences pour 1747, p. 24.

35.   Leçons de physique expérimentale, t. VI, p. 473.

36.   Leçons de physique expérimentale, t. VI, p. 474.

37.   Ibidem, p. 486, fig. 22.

38.   2e série, t. XXXVIII, p. 150.

39.   Œuvres de Franklin, traduites de l'anglais par M. Barbeu-Dubourg, t. II, p. 16, lettre 3.

40.   « D'après cela nous avons fait ce que nous appelons une batterie électrique, consistant en onze grands carreaux de vitre armés de lames minces de plomb appliquées sur chaque côté, placés verticalement et soutenus à deux pouces de distance sur des cordons de soie, avec des crochets épais de fil de plomb, un de chaque côté, placés tout droit, à une certaine distance ; avec des communications

convenables de fil d'archal et une chaîne depuis le côté donnant d'un carreau, jusqu'au côté recevant de l'autre ; de sorte que le tout puisse être chargé ensemble et par la même opération, comme s'il n'y avait qu'un seul carreau. Nous y avons ajouté encore une autre machine pour amener, après la charge, les côtés donnants en contact avec un long fil d'archal et les côtés recevants avec un autre, afin que ces deux longs fils d'archal puissent porter la force de tous les carreaux de verre à la fois à travers le corps de quelque animal formant le cercle avec eux. Les carreaux peuvent aussi être déchargés séparément, ou en tel nombre à la fois que l'on voudra. Mais nous n'avons pas fait beaucoup d'usage de cette machine, comme ne répondant pas parfaitement à notre intention, relativement à la facilité de la charge, par la raison donnée sect. 10. » (Œuvres de Franklin, traduites de l'anglais par M. Barbeu-Dubourg In-4, 1773, t I, p. 57-28.)

41.   Œuvres de Franklin traduites de l'anglais, par M. Barbeu-Dubourg, in-4, 1773, t I, p. 35-37.

ISBN : 978-1519169891

www.ingramcontent.com/pod-product-compliance
Lightning Source LLC
Chambersburg PA
CBHW070816180526
45168CB00002B/637